# 提问

[丹]托马斯·韦德尔-韦德尔斯堡 著
赵静文 译

台海出版社

北京市版权局著作合同登记号：图字 01-2023-1349

Original work copyright © 2020 Thomas Wedell-Wedellsborg
Published by arrangement with Harvard Business Review Press
Unauthorized duplication or distribution of this work constitutes copyright infringement.

Simplified Chinese translation copyright © 2023 by Beijing Xiron Culture Group Co., Ltd.
All rights reserved.

**图书在版编目（CIP）数据**

提问 /（丹）托马斯·韦德尔 – 韦德尔斯堡著；赵静文译 . -- 北京：台海出版社，2023.7

书名原文：What's Your Problem?: To Solve Your Toughest Problems, Change the Problems You Solve

ISBN 978-7-5168-3558-6

Ⅰ.①提… Ⅱ.①托… ②赵… Ⅲ.①问题解决（心理学）—通俗读物 Ⅳ.① B842.5-49

中国国家版本馆 CIP 数据核字（2023）第 094884 号

# 提问

| | | | |
|---|---|---|---|
| 著　　者： | [丹]托马斯·韦德尔 – 韦德尔斯堡 | 译　　者： | 赵静文 |
| 出 版 人： | 蔡　旭 | 责任编辑： | 俞滟荣 |

出版发行：台海出版社
地　　址：北京市东城区景山东街 20 号　邮政编码：100009
电　　话：010-64041652（发行，邮购）
传　　真：010-84045799（总编室）
网　　址：www.taimeng.org.cn/thcbs/default.htm
E - m a i l：thcbs@126.com

经　　销：全国各地新华书店
印　　刷：三河市中晟雅豪印务有限公司

本书如有破损、缺页、装订错误，请与本社联系调换

| | | | |
|---|---|---|---|
| 开　　本： | 880 毫米 ×1230 毫米 | 1/32 | |
| 字　　数： | 170 千字 | 印张：8.625 | |
| 版　　次： | 2023 年 7 月第 1 版 | 印次：2023 年 7 月第 1 次印刷 | |
| 书　　号： | ISBN 978-7-5168-3558-6 | | |

定　　价：59.80 元

版权所有　翻印必究

# 目 录
## CONTENTS

**第一部分**

引　言　你的问题是什么　_003
第一章　重构的解释　_015

**第二部分**

第二章　为重构做准备　_035
第三章　建立问题框架　_051
第四章　跳出框架看问题　_077
第五章　重新审视目标　_099
第六章　审视闪光点　_121

第七章　对着镜子自我反思　_142

第八章　从他人的角度出发　_162

第九章　继续推进　_185

## 第三部分
### 克服阻力

第十章　三大战术挑战　_207

第十一章　当人们拒绝重构时　_230

结　语　_249

推荐阅读　_254

附　录　_263

致　谢　_265

# 第一部分

# 解决正确的问题

# 引言　你的问题是什么

## ◆ 你是否在解决正确的问题？

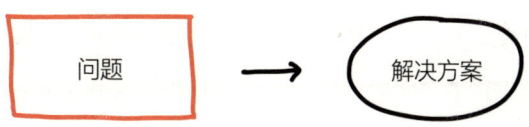

我们先从问题开始，请为你的团队、公司、社会、家庭或自己回答：

我们把多少时间、金钱、精力，甚至生命浪费在了错误的问题上？

我向来自世界各地的人提出过这个问题，人们听到后往往都陷入了沉思。如果你也如此，请继续考虑第二个问题：

如果所有人都能更好地解决正确的问题，这会对你的生活、你关心的人以及你的事业带来什么影响呢？

本书的意义正在于此，目的是通过这项名为"重构问题"或"重构"的技能，提升大家解决问题的能力。

过去五十多年的研究表明，重构是一项非常强大的技能——不仅仅是为了解决问题。掌握重构技能的人往往会做出更好的决策，想到更有创意的想法，所以，他们往往享受着更非凡的人生。

最重要的是，这项技能并不难学。读完这本书，你将成为一个更好的思考者和问题解决者。甚至不用等到读完全书，你在读这本书的过程中就会有不小的收获。

什么是"重构"呢？请读下去，一部慢吞吞的电梯正等着你。

### ◆ 慢吞吞的电梯

本书的核心思路在于：

如何通过改变看待问题的方式解决问题，而这个过程就是重构，能让我们从根本上找到更好的问题解决方案。

接下来我将通过以下经典案例向大家演示：

你是一座写字楼的业主。有十个租户向你抱怨旧电梯运行缓慢，每次要等很久。有几个租户甚至威胁说，如果不解决这个问题，他们就会解约。

首先需要注意的是，这个问题并非从客观角度出发——不想在这里居住，就像在现实世界中遇到的大多数问题一样，在问题递交给我们之前，其他人早已将之定性为：问题就是电梯太慢了。

大部分人在这时都会急匆匆地闷头去找解决方案，但其实许多人并没有注意到问题是如何构成的，只是单纯认为这是理所当然的。所以，我们开始想办法让电梯更快：能升级电机吗？能改进算法吗？需要安装一部新电梯吗？

这就来到了"解决方案"这一步，对问题的不同理解所带来的不同解决方案分别是：

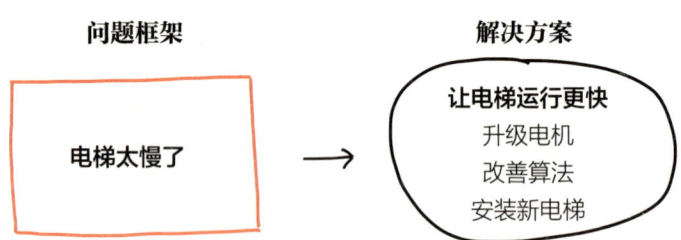

这些解决方案可能会奏效。然而,在向物业经理反映问题时,他们大概会给出一个更优雅的解决方案:在电梯旁边安一面镜子。事实证明,这一简单的措施在减少人们抱怨方面反而更有效。当大家被其他事情完全吸引时,往往会忘记时间。

## ◆ 更好的解决方案

镜子并没有解决问题,也不能让电梯运行更快,但它却提出了一种不同的理解方式:重新定义了问题。

这就是重构的过程,核心是一种违反直觉的洞察力:有时,要解决一个难题,不是一味地去寻找解决方案,而是把注意力转向问题本身,不仅要分析,更要转变看待问题的方式。

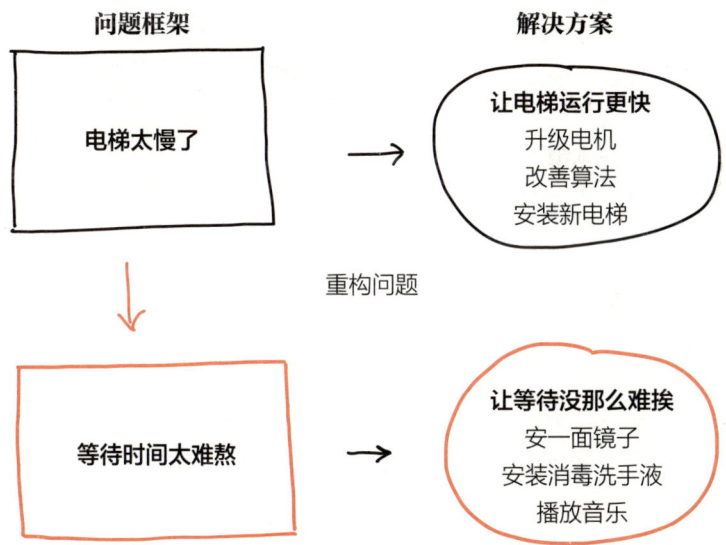

## ◆ 一个切实可行的有效工具

重构的魅力几十年前早已为人所知。精明的阿尔伯特·爱因斯坦、彼得·德鲁克等人都已亲自验证。将提出正确的问题、解决问题和创新结合在一起，无论是领导团队、初创公司、销售，还是制定战略，或是与有需求的客户打交道等，你都可以通过重构这种方式来解决真正的痛点。此外，这一方法不仅可以用于改善个人生活，也适用于职业生涯，甚至能帮助人们改善婚姻质量和不那么理想的亲子关系。

可以说，生活中方方面面所遇到的问题，都可以通过重构来解决，找到新的出路。我常常这样说：**家家有本难念的经，重构是捷径。**

并且大家也确实需要这一技能，很多人还不了解重构，更不知道如何在实践中运用。我的工作正是帮助大家发现，其实重构正是我们认知工具箱里最需要的那件工具。

## ◆ 在解决问题过程中遇见的问题

几年前，一家著名的全球财富 500 强公司聘请我向 350 名员工讲授重构，作为为期一周的领导力课程的一部分，授课对象是公司内最具才华的领导者。要拿到入场券，你必须是公司排名前 2% 的佼佼者。

培训周结束时，我们对参与者进行了调查，问他们学到的最有用的内容是什么。结果很多人在经过了五天"干货"满满的培训之后，反而认为两小时的重构培训最有帮助。

这已经不是我第一次收到这种反馈了。在过去的十年里，我将重构传授给了成千上万个来自世界各地的人，几乎每个人都说这一方法对自己和企业很有帮助，以下是从反馈表中逐字摘录的一些典型反馈：

·"看待世界时，我有了新思路。"

·"我非常喜欢这个方法，它让我拥有一种与众不同的思考方式。"

·"重构是一个很棒的概念，我以前从未接触过，未来我会在与团队的合作中用上这个好方法。"

但对我而言，看到这些反馈时，不安反而多过喜悦，过去如此，现在也是这样。

想想看：为什么这些人之前不知道呢？为什么这样一群在全球财富500强企业工作的聪明人不知道这个方法？公司前2%的人才却不知道如何重构问题，从而找到解决问题的最佳途径？

为了深入了解问题的严重性，我调查了106名企业高管，他们代表着17个国家的企业或组织。结果发现：**85%的人表示所在公司不擅长重构问题**，还有很多人认为自己所在的公司因此浪费了大量资源。

这是一个严重的错误。重构是一种基本的思维技巧，坦率地说是每个人一开始就应该掌握的，但现在却有这么多人完全不了解。一想到每天有这么多才华横溢的人把精力浪费在解决"错误"的问题上，我就感到崩溃。

而这正是本书要解决的问题。

在过去的十年里，我把我的工作提炼成一个单一的、易于解决正确问题的"指南"。这本书的中心框架是快速重构方法，是一种简单的、经过验证的方法，你可以用来解决几乎任何情况下的问题。至关重要的是，这种方法可以快速运用于繁忙的日常工作环境中：我们中很少有人能采取一种缓慢的方法来解决我们的问题。

在过去的十年中，在向各行各业、不同职级的人教授重构，帮助他们解决现实问题的过程中，我逐渐将之发展完善。这些策略是基于先前对问题解决和创新的研究。除此之外，在决定哪些方法应该入选的过程中，我并未基于任何概括的理论模型，我只是选择了那些一直被证明对人们重新思考和解决问题最有帮助的策略——同时这些策略足够广泛，适用于各行各业。

同时，为了验证策略的可行性，我研究了人们在日常工作中如何自主解决棘手的问题，而不是在研讨会环境中。我对特定的人如何解决复杂问题和创造突破性的创新进行了大量的深入研究，研究对象既有小型的创业公司，也有大型企业，如思科和辉瑞。虽然现实世界的重构肯定比理想框架下更混乱，但每个策略都代表了实践者解决现实问题的方法，并找到新的、创造性的方法来实现目标。

通过阅读这本书你可以：

- 在职场及职场之外，找到更好的解决棘手问题的创造性方案。

- 阻止你和你的团队在"错误"的事情上浪费时间。
- 在重构重大决策方面提升效率，提高命中率。
- 确保自己的职业未来，提升自己对公司的价值。
- 最重要的一点：为你所关心的人和事带来好的改变。

另外需要提醒大家的是，书中介绍的方法都可以随学随用，大家在一章一章地浏览时，就可以着手实践解决问题了。以下是这本书的整体框架：

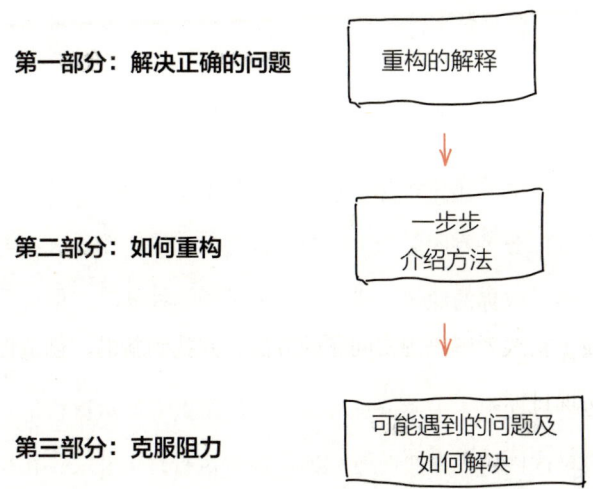

第一章《重构的解释》将会和读者简单介绍几个关键概念，

以及在现实世界中的重构事例。

第二部分《如何重构》将一步步地向读者介绍重构的方法及其需要特别强调的问题，将涉及以下内容：

· "要解决什么问题"，这是为了防止人们受到坏主意的干扰。
· 为什么专家在深入研究细节之前会先看一下框架之外的内容。
· 重新思考目标是为了让团队减少80%的工作量。
· 寻求和审视正态例外如何带来直接的突破。
· 为什么对着镜子自我反思是解决个人冲突的关键。
· 两位企业家如何利用问题验证法，在两周内发现一个价值数百万美元的商机。

阅读完第二部分之后，你将完全掌握这一方法。

第三部分《克服阻力》作为参考信息，讲述在他人拒绝接受重构，不听取你的建议，成为竖井思维的牺牲品时，你可以为他们做些什么。

我还将在整本书中分享许多真实的案例，展示重构带来的重大突破。这些例子并非都与 CEO（首席执行官）有关；相反，更多的关注点是落在"普通人"的身上。

当然，这并不是说 CEO 不使用重构。一些管理学者的研究表明，企业高管不仅采用了这一方法，而且取得了非常好的成效。但是，担任公司的 CEO 是一项不寻常的工作，和其他人的日常工作几乎没有共同之处。我的关注点不仅在于如何改变职场问题的解决流程，还包括生活中的方方面面。简言之，我想让更多人接触到重构，这点将会在本书列举的故事中得以体现。

你还将了解到这个概念背后最重要的研究。半个多世纪以来，各个领域的学者都仔细研究过重构——包括运营、心理学、数学、企业家、设计、哲学等，本书对他们的工作也起到了帮助作用。

### ◆ 重构画布

最后，我想介绍一下重构画布。画布提供了这一方法的关键步骤概述，读者可以利用画布帮助团队或客户重构问题框架。你可以在这本书的网站上下载免费且便于打印的版本。

在下一页你可以获取画布的高级版本。请花点时间熟悉一下画布架构，不用担心细节，后续我会详细讲解。现在只需注意三个步骤：建立框架、重构问题、继续推进，我在第二步额外添加了一些内容。

让我们开始吧。

014

| 建立框架 | | | | | |
|---|---|---|---|---|---|
| 问题是什么? | | | 问题涉及哪些相关方面? | | ? |
| **重构问题** | | | | | |
| 跳出框架看问题 | 重新思考目标 | 认真审视闪光点 | 对着镜子自我反思 | 从他人的角度出发 | |

**继续推进**
如何保持前进动力?

# 第一章　重构的解释

### ◆ 更高层次的分析

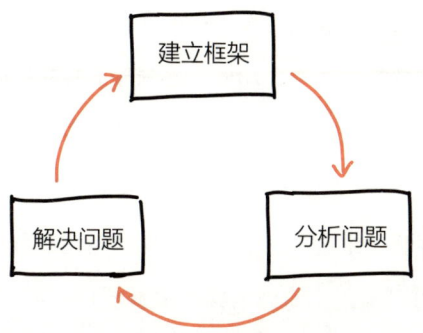

好的问题解决者的基本特质是他们的乐观主义。面对困难时,他们不会听天由命,而是相信前方一定有出路,并且肯定能找到。

但是,只有乐观是不够的。历史上盲目的乐观主义者,往往开开心心地一路撞向南墙。所以要想成功,不仅要保持前进的动力，还要具备瞄准正确问题的能力，这就是重构（以及它的第一个步骤，建立框架）的意义所在。

值得注意的一点是，重构与问题分析是不同的。我在这里使用到的术语分析是用来解释"为什么电梯很慢"，并从中分析影响速度的各种因素。善于分析意味着精确、有条不紊、注重细节并且擅长运用数据。

相比之下，重构是一种更高层次的思维活动，在这个案例中就是人们问："应该关注电梯的速度吗？"懂得重构的人并不都是细节控，更多的是指从大局出发，有能力从多个角度考虑问题。

重构并非局限于问题解决过程的开始阶段，也不应该与分析和解决问题的步骤割裂开。相反，对问题的理解将随着解决方案的推进而逐渐深入。就像企业家和设计师们说的，如果没有亲自动手就把想法付诸实践，永远都不可能厘清问题。

为了向各位介绍这一方法在实践中的运用过程，接下来我将分享最强大的案例，比前面电梯的故事要长一点，请不要走神，这个故事里有可爱的狗狗。

## ◆ 美国狗狗收容所的问题

美国人喜欢狗狗，超过 40% 的美国家庭都有一只狗狗。但是，对这种可爱的四蹄小神兽的喜爱也带来了一些负面的影响：据估计，每年有300多万只狗狗进入收容所，等待领养。

收容所和其他动物福利组织在努力提高人们对这一问题的认识，一个典型的广告可能是一只被人忽视的悲伤的狗狗。但这种狗的模样一般都是经过了精心挑选，且希望能唤起人们的同情心的，他们还会配上一句话，比如"收养一只狗狗，拯救一条生命"，或者加上呼吁捐款的请求。

在这些措施的努力下，每年约有140万只狗狗能够被成功领养，但也有100多万只未被领养的狗狗，更不用说无家可归的流浪猫和其他宠物了。虽然收容所和救援组织已经做出了巨大努力，但宠物领养者不足的问题已经持续了几十年也没有得到有效解决。

不过也有一些好消息。在过去的几年里，两个小公司已经找到了解决问题的新方法。其中之一是宠物品牌BarkBox，这是一家总部位于纽约的初创公司，我曾向这家公司提供重构的培训。BarkBox将收入的一部分捐赠给有需要的狗，后来的一天，公司的非营利团队决定重新审视收容所里狗狗的问题。

### 解决访问问题，而非广告

BarkBox的预算有限，就算把所有推广费用都花在打广告上，也激不起多大的浪花，所以他们开始变换角度看问题。正如 BarkBox 的联合创始人、该项目负责人亨里克·维尔德林跟我说的：

"我们发现领养问题在一定程度上是信息获取的问题。收容所主要依赖互联网来对未被收养的狗狗进行宣传，但这些网站不出名，访问量极有限，而且因为资金短缺，这些网站也很少针对客户端观看体验进行优化。但我觉得这个问题要解决并不难。

"最后的解决方案是，仿照人类的约会应用程序，公司推出了一款名为 BarkBuddy 的有趣应用程序，人们可以通过手机 App 看到可收养的狗狗的资料，并与所在收容所取得联系。"

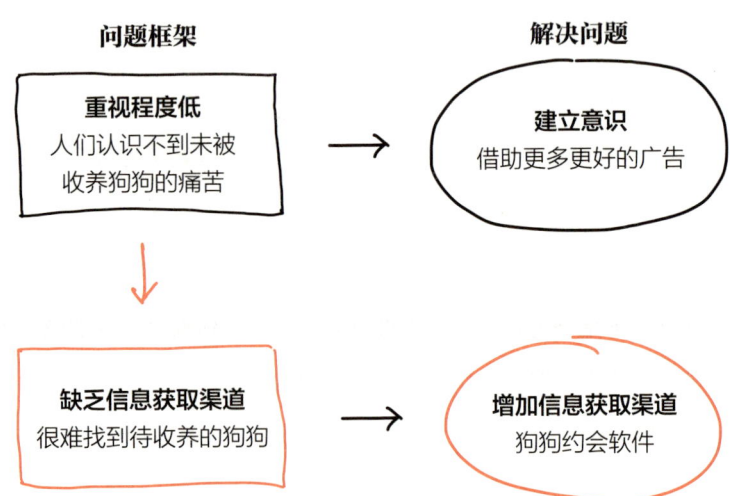

BarkBuddy 手机应用的宣传语是："找到你附近的毛茸茸的单身朋友！"这之后，该应用程序的下载量已超过 25 万次。在发布后不久，每月的狗狗资料浏览量就达到了 100 万次。作为第一款狗狗应用程序，BarkBuddy 还出现在几个全国性的电视节目中，并登上了著名的脱口秀节目。这款应用的搭建和推广成本约为 8000 美元，所以算起来也是相当成功的商业案例了。

这就是经典的重构思维：通过重新审视需要解决的问题，维尔德林和他的团队找到了一种全新且更有效的方法。但同时我们也注意到，团队在一定意义上仍然在原始的问题框架内努力：如何让更多的狗被收养？但看待动物收容所问题的角度可不止这一个。

### 新思路：收容所干预计划

洛里·韦斯是洛杉矶市中心狗救援组织（Downtown Dog Rescue）的执行董事，也是收容所干预计划的先行者之一。洛里的计划并不是努力让更多的狗被收养，而是让狗狗尽量不被原主人抛弃，这样它们从一开始就不会进入收容所。

平均来说，大约 30% 的狗被送到收容所的原因是"原主人弃养"。在由志愿者和爱心人士组成的动物收容所中，原主人常常会受到大家的严厉斥责："到底有多无情才能把狗狗当作旧玩具一样丢弃？"为了防止狗狗最终落入这些"问题主人"的手中，很多收容所尽管长期面临着狗狗数量过多的问题，但还是会要求领养者接受"无休止"的背景调查，这也给收养的过程带来更多麻烦。

洛里对事情有不同看法。她跟我说："我不喜欢'问题主人'这个称呼，在工作中我遇到了很多这样的人，大多数都是非常爱自己的狗狗的，不能简单将其归类为坏人，这个事情没这么简单。"

为了了解更多情况，洛里在洛杉矶南部的一个收容所进行了简单的实验。每当有人把狗送过来时，就会有工作人员问："如果可以，你是否会继续照顾你的狗呢？"

如果对方给出肯定的回答，工作人员就会问："为什么要放弃你的狗？"然后洛里和员工会尽可能提供帮助，比如利用公司的资金和一些人脉等。

洛里的实验揭示了数据点与该行业的假设完全相反：75%的主人表示想要留下狗狗，许多人在送出自己的狗狗时都流下了眼泪，并且在弃养之前都已经悉心照料了它们很多年。洛里说：

"弃养"不是个人品德问题，而往往是贫困问题。这些家庭和我们一样爱他们的狗狗，但经济却不允许，他们甚至是不知道月底拿什么来养活孩子的人。所以，如果新房东突然要求为狗狗提供押金时，他们是根本拿不出钱来的。或者有时候狗狗需要接种十美元的狂犬病疫苗，这些人根本请不起兽医，也不信任政府援助。因此，把宠物交给收容所往往是他们认为的最好的选择。

洛里后来发现，干预计划不仅是一个经济上可行的计划，甚至比公司其他活动更具成本效益。在这之前，洛里的公司平均为每只宠物花费大约85美元，但新计划将每只宠物的成本降低到了60美元左右，这大幅改善了公司的资金利用率。这个计划不仅让很多家庭能够继续与自己心爱的宠物待在一起，还避免了这些小动物沦落进收容所，也腾出了很多空间和资源来帮助其他更多需要帮助的动物。

在洛里和其他几位先行者的努力下，收容所干预计划正在美国各地推行，获得了几个行业组织的支持。由于这一举措和其他举措，最终被送进收容所的宠物数量和被安乐死的宠物数量都处于历史最低水平。

### ◆ 探索与打破框架

以上两个故事说明了重构的力量。

在这两种情况下，通过找到一个要解决的新问题，一小群人设法取得了很大的改变。同时，这两个故事还展示了重构的两种不同方式：探索和打破框架。

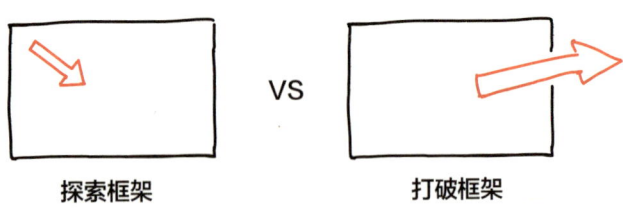

**探索框架是更深入地研究原始问题**

探索框架与分析问题类似，但是增加了一个元素，需要人们密切关注问题中被忽视的、可能会引发差异的点，这就是 BarkBox 团队的做法。他们一开始认为"来收容所领养的人不够多"，但深入研究之后才发现"隐藏"问题：信息获取。将这一点重构之后，一切便迎刃而解，8000 美元的投资也发挥了巨大作用。

**打破框架是完全远离问题的初始框架**

洛里的做法就打破了框架。在重新思考了工作目标之后，她发现问题的关键不在于领养，而是帮助贫困家庭解决饲养宠物的困难。这个发现改变了整个行业。

以上这两种方法都能实现突破，但后者更重要，否则人们很可能被限制在固定的思维框架中跳不出来。即使对于经验丰富的问题解决者来说，也很容易过于注重细节而忽略大局，完全忘记了整体框架。具备了打破框架的思维能力，在问题面前，我们才更不容易被局限。

## ◆ 技术性突破与思维突破

这两者之间还有一个更微妙的区别。BarkBuddy 就像一个典型的硅谷故事：发现了之前被忽略的问题，在科技的惊人力量的帮助下，现在有了更好的解决方法。从这个意义上说，BarkBuddy 手机应用与所处的时代紧密相连。如果没有智能手机，没有数据共享标准，没有一大批具备熟练使用约会软件经验的用户，这个 App 也不会出现。达特茅斯大学教授罗恩·阿德纳将此称为"广角镜"，意思是说，一项创新要取得成功，必须有一个由技术和协作伙伴组成的支持性生态体系。

不过洛里的发明与新技术却毫无关系，它也不用依赖于之前接受过一种新行为训练的人群。当然，它利用到了广泛的合作伙伴生态系统，例如兽医和庇护所，但这些在几十年前就已存在，运作方式也没有明显变化。

那么问题就来了，为什么人们没有早点想出这两种解决方案呢？BarkBuddy 受制于客观条件情有可原。但洛里的收容所干预计划呢？理论上讲，我们在20年前甚至40年前就做得到，而阻碍因素并非来自技术层面，而是很多人的误解，认为弃养宠物就是问题主人。几十年来，整个行业都被这种观点误导了，但洛里利用大家都已熟悉的数据，打破了原有框架，为人们提供了全新的理解方式。

　　这是本书的关键主题之一。创新者和问题解决者都迷恋新技术，这一点可以理解，无论是工程师不断追求物理学的极限、医生开发新药物，还是程序员们从事着与比特和字节有关的工作。

　　但是，在很多情况下，特别是在日常生活中，解决问题靠的不是技术，而是思维上的突破。因此，解决棘手的问题，突破口并不一定是细节，也不需要成为系统的思考者；它是关于解释与意义的构建，也是关于反思那些已经存在的事物的意义。这在很大程度上取决于我们是否能够挑战自己的信念，挑战那些自己坚持已久的想法，可能与你的同事、客户、朋友和家人有关，但更多的还是关于你自己。

―――

　　希望这些故事能让你对重构有更深的了解。在这一章的结尾，我总结了重构的五大益处，之后还会对此进行详细阐述。

## ◆ 1. 避免解决错误的问题

大多数人都倾向于采取行动。遇到问题时，他们立即转换到解决问题模式，拒绝分析，但会马上行动：为什么我们还在谈论问题？赶紧找个解决办法啊！

倾向于行动不是一件坏事，这说明你不想陷入无休止的深思熟虑中。但弊端是人们常常会盲目向前，不管有没有完全了解问题，也不考虑是否瞄准了正确的方向，结果就是把精力浪费在错误的事情上，在一套没什么用的"解决方案"上精雕细琢，直到时间或金钱耗尽。有时候这种模式被描述为"重装泰坦尼克号上的甲板椅"。

我在这本书中分享的内容就是帮你快速重构，既能深思熟虑，又能快速行动。通过早期引入重构，在拥有解决方案之前，避免浪费精力，快速实现目标。

## ◆ 2. 找到创新方案

并不是每个人都会犯盲目行动的错误，很多人都知道要花时间分析问题，但即便如此，他们还是可能错失重要机会。具体地说，许多人在进行问题诊断时都会问：真正的问题是什么？并顺着这个方向，深入研究细节，寻找问题的"根本原因"。

电梯故事就体现了这种思维方式的重要缺陷：电梯运行缓慢可能是真正问题，买一部新电梯就可以解决。但关键是，这并不是我们解决问题的唯一方式。事实上，如果你认为问题只有一个"根本原因"，这个想法本身就具有误导性。诱发问题的原因有很多，解决方式也不止一种。电梯问题也可以被重新确定为：高峰期间的电梯需求问题，即太多人同时用电梯。这个问题很好解决：分散人们乘坐电梯的时间，比如错峰午休。

重构的重点不是找到真正的问题，而是要找到解决问题的更好办法。如果我们坚持认为一个问题只有一种正确的解决方式，这会忽视了更明智、更有创意的其他解决方案的可能性，而重构则让你能更好地找到它们。

### ◆ 3. 做出更好的决策

研究表明，解决问题的高效方法之一是列举多个可供选择的选项。俄亥俄州立大学教授保罗·C.纳特是该领域的知名学者，他发现，当人们只考虑一个真正的选择时，超过一半的情况下会做出糟糕的决定：

- 我该不该读工商管理硕士（MBA）？
- 我们要不要投资这个项目？

相比之下，通常考虑多个选项的人往往只会有三分之一的概率做出错误决策，即使他们最终坚持的是原来的计划，这一结论也成立。

- 我应该攻读工商管理硕士（MBA）、创业、找份新工作，还是留在目前的岗位上？
- 我们应该投资 A、B 或 C 项目，还是暂缓投资更好？

增加选择就可以帮助你做出更好的判断。

但问题是：你所列举的必须是不同选项。一个不理解重构的团队找了 15 家全新的、速度更快的电梯供应商，自以为分析得非常彻底，但实际上只是找了 15 个不同版本的同一种解决方案。重构能让你找到真正不同的选择，从而做出更好的决策。

除此之外，就像每个作家都会在自己最喜欢的主题上这样说："亲爱的读者，这就是重新装饰家具可以拯救人类的原因。"我要冒这个险，并且毫不怀疑：积极使用重构法将带来更多更重大的积极影响。接下来的两点，一个是关于个人的，一个是关于社会的。

## ◆ 4. 拓宽职业选择

在个人层面上，成功解决难题是最有成就感的事情之一，这也是为你关心的人和事业做出改变的好办法。最重要的是，学习重构也会对你的职业生涯产生一些实实在在的影响。

这对个人来说最直接的影响是，成为更好的问题解决者之后，你对公司的价值也会随之提高。掌握重构不要求你成为某一领域的专家（后面我就会讲到，专家有时反而会被自己的专业知识所困），也就是说，你可以在自己本职工作之外的领域做出贡献，就像管理顾问一样，虽然从未在某一领域工作过，仍可以为这一行业带来价值。如果将来有跳槽的想法，这也是你的一个筹码。

并且，解决问题的能力在就业市场上也备受推崇。最近一份报告显示，世界经济论坛分享了未来最重要的技能清单。下面列出的前三项技能大家应该不陌生：

- 解决复杂问题的能力。
- 批判性思维。
- 创造力。

最后，重构还将以一种非常具体的方式为你的职业生涯保驾护航：它让你不那么轻易被计算机取代。

你大概会说，我目前从事的职业距离被替代还远着呢。但是，很多专家给出的观点却发人深省：现在，人工智能和其他形式的自动化已经开始取代多种传统工种，包括白领。

但问题诊断不一样。就其本质而言，定义和重构问题是人类的一项独特的任务，需要对问题有多方面的理解，具备理解模糊且难以量化的信息的能力，以及解释和重新思考数据含义的能力。这些都是计算机在短期内无法完成的事情。因此，如果具备以上能力，你在职场就不会轻易被取代，未来也更容易获得新的就业机会。

## ◆ 5. 帮助共建更健康的社会

最后，重构也关系到社会的持续运作。要做到用可持续的方法去解决冲突，这就需要人们找到对手的共同点，这常常要从弄清需要解决的问题开始，而不是为了解决方案而争吵。接下来我将介绍，重构已经被用来解决根深蒂固的政治冲突。

同时，重构也是一种有用的心理防御系统。研究表明，重构可以作为武器。仔细看看来自交战政党的人们是如何谈论热门话题的，你就会发现他们是如何利用重构来影响别人的想法的。

从这个意义上讲，重构可以被视为人的一项核心技能。通过提高对问题框架的理解能力，在别人试图操纵你时，你能够更快发现，能更流利地表达自己的想法，这样才能更好地保护自己不被煽动或被他人恶意伤害。

亲爱的读者，这就是为什么建议你把这本书推荐给你的盟友，同时在你的政治对手面前轻声诽谤它。

## 本章总结
### 重构的解释

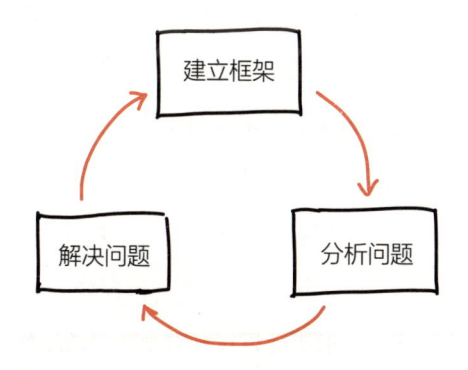

解决问题分三个步骤，需要反复进行：

1. 建立框架：确定需要关注什么。

2. 分析问题：当你深入研究问题的确定框架时，尽量将其量化，理解更多的细节。

3. 解决问题：这是为解决问题而采取的实际步骤，比如实验、原型输入以及最终实现完整的解决方案。

有两种不同的方式来寻找问题的新角度：

- 探索框架：通过更深入地研究初始框架的细节来重构问题。
- 打破框架：跳出初始框架，采用完全不同的视角。

大多数问题背后的原因不止一个，因此也会有多个可行的解决方案。那些寻找"真正的"问题的人，一般在找到第一个可行的答案时就止步不前，所以往往可能会错过创造性的解决方案。

并非所有问题的解决方案都与技术相关。有时可以通过质疑自己的理念来找到新的解决方案，而不是应用新技术。

创建多个选项，可以提高决策质量，但前提是这些确实是不同类型的选项。

重构将有助于个人的事业发展和整个社会的进步。

# 第二部分

# 如何重构

# 第二章 为重构做准备

◆ **流程**

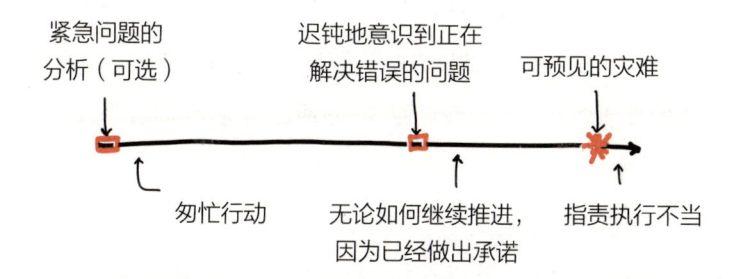

```
紧急问题的              迟钝地意识到正在
分析（可选）            解决错误的问题         可预见的灾难
    ↓                      ↓                    ↓
────■──────────────────────■────────────────────✳──→
         ↑                         ↑                  ↑
       匆忙行动              无论如何继续推进，      指责执行不当
                            因为已经做出承诺
```

如上图所示，很多人都知道匆忙行动的风险。但大家都很忙，还有什么选择呢？当然，像我这样一个悠闲啜饮拿铁咖啡的作家可能有很多时间去做小朋友口中的"思维性思考"（这可是一个专业术语）。忙于工作的人一般没这么悠闲，时间紧迫时，大多数人一边选择提前冲锋，一边祈祷自己能应付之后引发的烂摊子。

恶性循环就这样产生了。如果不花时间问问题，以后就会有更多的问题,反过来又会让时间更紧张。正如一位高管所说:"我们没有时间发明轮子,因为忙着搬运重物。"

要跳出这个陷阱,首先必须面对关于问题诊断的两个误区:

· 这是一个漫长的、耗时的、需要深入研究的问题。
· 在采取任何行动之前,你必须进行深入调查,彻底了解问题所在。

一句关于解决问题的世界名言中早已提到了这两点,传说是来自阿尔伯特·爱因斯坦:"如果我有一个小时来解决一个问题,而我的生活取决于它,我会花 55 分钟定义这个问题,然后用 5 分钟来解决它。"

这句话听上去挺时髦,但里面也存在一些问题。首先,这不是爱因斯坦说的,这位著名的物理学家是问题诊断的坚定信仰者,但没有证据表明"55 分钟"这句话出自他之口。更重要的是,即使爱因斯坦说过,这还是个糟糕的建议,如果你按照"爱因斯坦"的名言来管理时间,就会发生以下的情形:

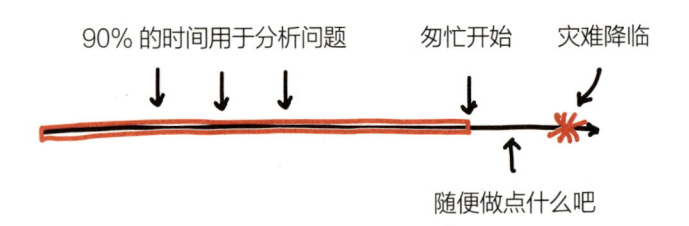

描述这种情况的常见术语通常是分析导致瘫痪，结果往往不怎么样。

### ◆ 更好的解决方案

以下是思考问题框架的更优方案。首先，把解决问题想成一条直线，表明人们寻找解决方案的自然动力：

重构是偏离这条直线的圆环：一种简短的、有意识的重新定向，暂时将人们的注意力转移到更高层次的问题上，即对问题进行架构分析。之后这一轨道会重回正轨，这时人们会对问题有新的或更好的理解。你可以把它想象成前进运动中的短暂休息，就像在行动中后退一步。

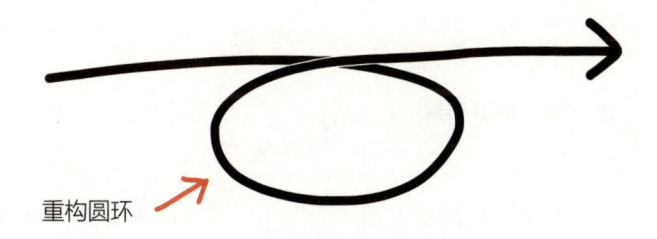

重构圆环

重构圆环的过程将会在解决问题的过程中重复进行，向前移动时会有多次中断。团队可能会在周一进行一轮重构，然后切换至周一的行动模式，然后在周五重新讨论：就本周的工作，我们对这个问题有什么新的了解吗？我们的构思方式对吗？

正如我之前分享的重构画布，该方法有三个步骤：建立框架、重构问题、继续推进，在第二步下有一些嵌入策略。在下图中，你可以看到这一部分是如何在圆环中体现的。

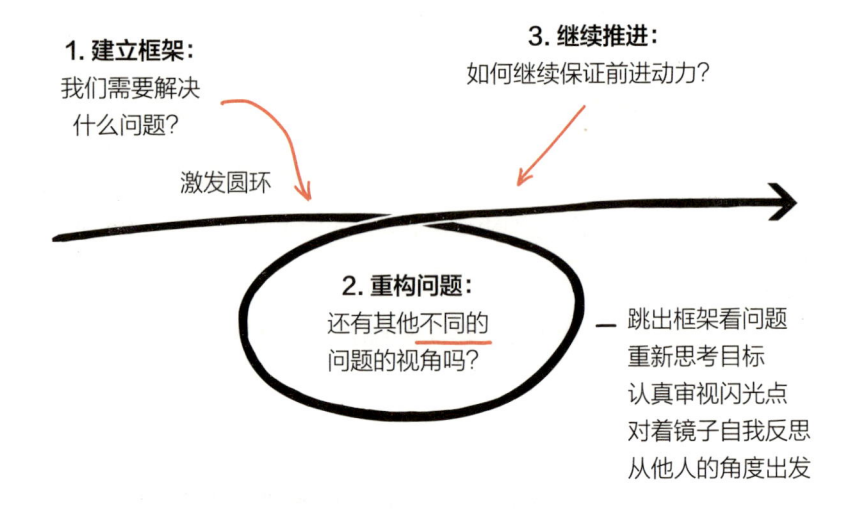

**1. 建立框架：**
我们需要解决什么问题？

**3. 继续推进：**
如何继续保证前进动力？

激发圆环

**2. 重构问题：**
还有其他不同的问题的视角吗？

— 跳出框架看问题
重新思考目标
认真审视闪光点
对着镜子自我反思
从他人的角度出发

### 第一步：建立框架

这是整个流程的触发器。实际上，首先有人会问："我们要解决的问题是什么？"由此产生的语句（最好是写下来）是对问题的第一个框架。

## 第二步：重构问题

重构是挑战自己对问题的最初理解，目的是迅速发现尽可能多的潜在替代框架。只是你在搜索不同的方式来看问题，而不是找解决方案，这可以看作一种头脑风暴。最终呈现方式可能是问题（为什么电梯慢对人们来说是个问题？），也可能以直接建议的形式出现（这可能是降低租金的一种策略）。

有五种嵌入策略可以帮助你找到问题的替代框架。根据不同情况，你可以尝试以下全部或部分方法：

- 跳出框架看问题：漏掉了什么信息？
- 重新思考目标：是不是还有更值得去实现的目标？
- 认真审视闪光点：问题在哪里呢？
- 对着镜子自我反思：我/我们在这个问题中扮演什么角色？
- 从他人的角度出发：他们的问题是什么？

## 第三步：继续推进

这一步将关闭圆环，重新切换回行动模式。可以作为当前工作的延续，也可以探索提出一些重构问题的新框架，或者两者兼而有之。

这里的关键任务是确定如何通过现实的测试来验证问题的框架，确保我们的诊断是正确的（就像医生做诊断一样，看起来像脑膜炎，治疗前会进行检查来确认他的诊断）。这时，你可能需要安排一次后续的重构检查。

### ◆ 建立框架，我需要什么工具？

任何材料都不需要，但如果有活动挂图或白板会更好，特别是对团队合作来说，共享的书写空间能让人们保持参与和协作。

"核对表"也有帮助。我在这本书的后面附上一份"核对表"，你可以用在工作中。

对于重要的问题，或者如果你需要保持秩序时，请使用重构画布，本书后面已附上。

### ◆ 都需要谁来参与？

你可以自己对问题重构，这也不失为一个好开始，能帮自己理顺思路。但通常来说，我建议你要尽快引入其他参与者，特别是与自己持有不同观点的人交流。这是获取新视角的有力捷径，可以帮助你更快地发现思维视网膜上的盲点。

如果开始时团队规模较小，我建议你以三人为一小组，而非两人。三人组合能够让其中一位成员在别人讨论的时候倾听和观察。

为了达到更好的效果，我建议让局外人也参与其中，比如与问题无关的人，亲戚朋友之外不太熟的朋友。虽然让局外人参与意味着付出更多的努力，但特别是对于重要的问题，这往往是值得的。

除此之外，这一方法对团体规模没有特别的限制或要求，这更多的是有关什么是可能的。如果可以将你的问题和更多的人分享，比如在企业内部网甚至在社交媒体上，不妨去试一试吧。

### ◆ 什么时候用这个方法？

视需要而定。并不是达到一定规模才需要重构。相反，你需要修改重构过程以便适应问题的大小。

重构的一端是**即兴重构**。比如说,一位同事在走廊里拦住你寻求帮助,或者在与客户打电话时突然出现问题。在这种情况下,人们很难做到有条不紊。你要做的就是确定问题是什么,然后根据直觉,专注于一个或两个似乎最有希望的角度重构即可。

另一端是**结构化重构**,也就是你可以有条不紊地使用重构,比如在开会的过程中,可以使用重构画布,或者坐下来思考问题,或者正如你在读这本书的过程一样。

在这两者中,即兴重构是最需要掌握的。因为重构更像是一种思维方式,而非过程。心理学家和教育专家斯蒂芬·科斯林谈到"思维习惯"时表示:一旦掌握了这些简单的心理习惯,就能处理你遇到的大多数问题。随着时间的推移,你会达到这样的境界:随心所欲地重构,无须依赖重构清单。

然而,多次的结构化重构练习仍然是练习该方法的绝佳途径,无论是对个人还是团队,都能帮助你更好地即时练习。阅读本书时,我建议你使用重构清单或画布来思考问题。

### ◆ 需要花多长时间?

全面分析问题可能会花些时间,但弄清楚这是不是你需要分析的正确问题反而没那么麻烦。通过练习之后，中间部分（实际的重构）通常只需要 5 至 15 分钟。

新手听了可能会大吃一惊。听到只需要 5 分钟之后他们常常会说："就 5 分钟？这连把问题说清楚都不够，更不用说重构了。"

当然，有些问题确实更复杂更耗时。但除此之外你会发现，仅凭对问题最浅显的描述就能非常迅速地重构。在研讨会上，当我要求人们选择一个在个人问题上尝试 5 分钟重构法时，通常会有一两个人从第一次练习中就获得了突破，有时甚至是在他们纠结了几个月或更长时间的问题上。

顺便说一下，我并不是唯一一个发现快速应用重构可以工作的人。麻省理工学院教授哈尔·格雷格森是一位解决问题方面的学者，他提出一种叫作"问题爆发"的练习，人们总共有 2 分钟的时间来解释自己的问题，然后是 4 分钟的集体提问。正如格雷格森所说："人们都以为自己的问题一句两句说不清，但快速分享挑战迫使你用更高层、更概括的方式去审视问题，不会过于注重细节而限制思路。"

5 分钟后，你可能不会有茅塞顿开之感，因为很多问题需要多轮的重新设计，中间穿插着实验。但即便如此，第一轮重构仍然至关重要，一旦有时间解决问题，这轮重构就可以为后面的发展铺平道路。我往往建议进行多轮短时间的重构，而不是低频、长时间的重构，因为在短时间内使用重构对于使其在日常环境中发挥作用至关重要。你完成这个过程的时间越长，使用它的次数就越少。

## ◆ 策略的顺序重要吗？

有了第二步（重构问题）中列出的策略，前后顺序就不重要了。当解决问题作为快节奏的工作中的一部分时，我们可以直接跳到手头问题中最有希望的策略上。

但"从他人的角度出发"是一个例外，你需要尽可能了解利益相关者的详细情况。在问题面前，很多人都希望能赶紧开始解决。你说：彼得生气了？有什么事吗？与他有什么关系？但在我的框架中，你会注意到最后一个。我是刻意这样安排的。从利益相关者分析的最大问题是，你可能会采取错误的他人观点。

创新专家克莱顿·克里斯坦森指出，创新往往不是来源于研究你的客户，而是研究那些现在还不是客户的群体。正如克里斯坦森在其关于颠覆性创新的著作中指出的，当公司过于专注于现有客户的需求时，无意中也降低了产品对非客户群体的吸引力，从而给竞争对手留下乘虚而入的机会。总而言之，从思考目标和重点开始，关注是否有任何其他的利益相关者（跳出框架看问题）。只有当你非常确定所关注的是正确的群体时，才能深入了解其利益相关者。

还有一个注意事项：这本书列举了很多用于重新定义问题的示例，但这只是示例。我的书和《哈利·波特》系列不同，没有什么需要你牢记的魔咒，也不需要你一字不落背下来才能成功使用的口诀。

我之所以强调这一点，是因为有些解决问题的框架非常强调使用措辞精确的短语，例如开场白"我们怎么可能"或经常重复的五次询问"为什么"。像这样的标准短语有时有用，但在重构过程中，我非常谨慎，不太依赖公式化的问题。

现实世界中的问题多种多样，"一刀切"永远不是解决方案。即使有时候某个问题确实关键，我们到时再着重强调也可以。根据我的经验，问题本身不是重点，重点是要能够让人提出这个问题。

标准化的问题模板也没有考虑到文化差异，特别对于在国际环境中工作的读者更是如此。但即使是非国际化背景，这种情况也是存在的，比如推介会和家长会就有不同的要求，法庭和停车场一样，会议室和卧室也是如此。

即使是最基本的问题：是否解决了正确的问题？在某些情况下换一种措辞更好：我们的关注点正确吗？在我与一些公司合作的过程中，发现人们更喜欢说"挑战"或"改进机会"，而不是

"问题"，这样听起来更积极。就我个人而言，我倾向于将问题称为问题——休斯敦，我们有改进的机会——但还是需要根据实际情况灵活处理。

归根结底，提问很重要，它反映了一种好奇的心理。提出问题的人明白，这个世界比他们能够理解的要更深刻、更复杂。他们明白自己可能是错的，这就是找到更好答案的第一步。过于拘泥于某一种标准的提问方式，你可能会错过其他心态所带来的力量。

所以，当你读这本书时，请努力理解每种策略背后的本质：所问问题的意图是什么？专注于如何思考，而不是如何表达。

## 本章总结
### 为重构做准备

#### 你的问题是什么？

对于大多数图书来说，读者需要先吸收其中的观点，读完之后将之付诸实践。在这本书中，你可以一边读一边用它来解决问题，一章一章地把想法付诸实践。

我知道很多人看书可能只是想了解内容，并不想实践，对于这本书你当然也可以这样做。但我还是希望大家可以边读边试着应用，这样不仅能让你更擅长重构，也能在审视自己的问题时获得新视角。

如果你决定边看边实践，接下来的几条建议能够让你的收获最大化。

#### 如何选择问题

通常在使用重构时，选择你最关心的问题即可。但在目前的学习过程中，我建议遵循以下方法：

·选择两个问题。现实世界的问题是多样的，并没有适合一切问题的万能策略，选择两个问题能让你更好地练习使用策略。

·选择不同领域的问题。我建议你选择一个与工作相关的问题和一个私人问题。

为什么还要选择私人问题呢？会不会太自我了？接下来我是不是就要根据自己感兴趣的内容向读者大肆宣扬，推荐你喝草药茶并进行脉轮读数了？

并不是。我发现在学习这一方法的过程中，个人问题往往是理想的"教练"问题。当然，个人和职场是密切相关的：解决了个人问题通常意味着你会有更多的精力来应对工作中的挑战，反之亦然。

·绕开舒适区的问题。每个人的生活中都有一些小烦恼：洗衣服、长时间通话、电子邮件超负荷等。像这样的问题当然可以进行重构，但从掌握技能的角度来看，这些问题太过简单，对于技能训练的作用不大。（例如，我记得有一个客户的问题是："兔子在吃我花园里的水果！"这就是现实情况，还不是比喻句。问题中的兔子可能吃饱了，但我的客户在重构练习中却没什么收获。）

相反，我建议你选择与人相关的问题。特别是"模糊"问题，例如领导力、同伴关系、养育子女，或者只是自我管理（例如，你想要改掉的坏习惯），重构尤其有效。

我还建议你选择一些让你感觉不舒服，甚至不愿面对的问题。比如：

· 处理不好的情况：我真的不擅长社交，在客户会议上很少发言。当我不得不给别人提出负面反馈时，常常感觉压力很大。

· 难应对的人际关系：我发现自己和某客户打交道很累，和老板／大学联盟／最大的孩子交流时也经常出现问题，总觉得处理不好自己在团队中的新角色。

· 自我管理：我究竟为什么总是做不到自律？怎么才能真正发挥我的潜力？我真希望有机会发挥出自己更有创造力的一面。

选择那些之前尝试过但没有成功解决的问题也是个好主意。当某个问题用旧方法怎么都处理不了的时候，或许这正是引入重构的好时机。

现在，选出你想要解决的问题，然后记下来。我建议写在单独的一张纸或便利贴上，方便稍后回顾，也可以使用重构画布（可以从书后面誊写下来，或者下载打印都可以）。

在每一章的结尾，我将告诉大家如何在你的问题上使用具体哪一章节的技巧。如果你有选择困难症，那就请看我在下文给出的建议。

**你的问题是什么？** *以防你是那种大大咧咧、没心没肺，需要别人不断提醒才知道自己的问题的人*

- **领导力**
  让人们追随你。培养激情，培养人才。把失败归咎于别人。领导通常用的那一套。

- **生产力**
  争取更多的时间。充分利用稀缺资源，提高产量。

- **创造力**
  不管以何种方式，实现创新。创造未来。避免过时。

- **增长**
  增长从哪里来呢？怎样才能在竞争中取胜呢？

- **大局观**
  停止饥饿。根除疾病。维护民主。修复损坏的系统。拯救地球。移民火星。利用人工智能。战胜衰老、死亡。

- **金钱**
  挣得更多。花得更少。至少把钱花在刀刃上。

- **约会**
  遇见对的人。远离蠢货。不要脚踩两只船。失败了从头来过。

- **孩子**
  跟老板差不多，还不如老板。可爱又疯狂的主人。

- **老板**
  不用我多说了吧？

- **目标**
  我为什么在这里？我这辈子想做什么？我应如何塑造我的事业，找到意义、幸福？等等。

- **关系**
  朋友、情人、房东、商业伙伴、讨厌的邻居、停车场警卫、丈母娘 / 婆婆。你选吧。

# 第三章　建立问题框架

### ◆ 第一步，建立框架

设计师马特·佩里的电脑显示器上有一张黄色的便利贴，上面写着一个小问题：

你要解决什么问题？

马特就职于《哈佛商业评论》，与斯科特·贝里纳托、詹妮弗·瓦林、斯蒂芬尼·芬克斯、艾莉森·彼得和梅林达·梅里诺一起，是这本书的创作成员。在通风良好的波士顿办公室第一次

见面后,马特给我发了一封电子邮件:

"这张便利贴在我的显示器上已经贴了一年了。这个问题虽然简单,但很多时候却帮了我很大的忙。这就是为什么我一直没有把它撕下来。(哈哈!)便笺虽简单,一张永流传。"

乍一看,强调要简单地陈述问题似乎令人费解。难道不是应该做的吗?为什么这张特别的便利贴会一直存在,而不是写一些其他更能体现设计师智慧的箴言呢?比如"穿黑色不出错"之类的。

和所有以帮助他人解决烦恼为生的人聊聊,不管是设计师、律师、医生、管理顾问、教练或心理学家,你会发现他们有同样的坚持:从问"问题是什么"开始。

这也是重构的第一步,简单地说,你应该:

- 创建一个简短的问题陈述,最好将问题写成完整的句子:"问题在于……"如果你是与团队一起工作,请使用活动挂图,方便大家获得统一信息。
- 在刚刚陈述的问题旁边绘制一张利益相关者图,列出与这个问题相关的各个方面。可以是个人,也可以是公司或业务单位等。

记住:

写下来很重要。虽然是很简单的一步，却可以带来诸多益处，建议各位尽可能尝试。

**快速写下。** 陈述问题不必追求完美，这只是后续步骤需要的简单原材料。把它想象成一块湿黏土，一开始你只需要"扑通"一声扔到桌子上即可，方便后续步骤有材料可以利用。

**使用完整的句子。** 只记要点或单个词语的描述只能使重构过程更麻烦。

**尽量简短。** 用几句话就把问题描述清楚，能让重构过程更简单。

如果接下来你即将就自己遇到的问题进行分析，我建议在这里暂停一下，先不要继续读，花一点时间大致陈述一下每个问题，描绘利益相关者地图。对每个问题都使用单独的一张纸。

## ◆ 为什么要把问题写下来？

把问题写下来好处多多，这里简单列举几个。

- **放慢节奏。** 书写的过程创造了一个简短且自然的思考空间，让人们慢慢进入状态，而非直接跳入解决问题的模式。

- **促使人们注重细节**。如果问题只存留于大脑层面时，它往往会非常模糊，写下来能让你看得更清楚。

- **产生心理距离**。只有这个问题作为一个独立于你的物理事物存在，你才能更客观地看待它。

- **让顾问更好地提供帮助**。顾问面前有书面的问题陈述时，他们更容易帮助你。书写下来的内容越多，人们大脑中预留出来思考的空间才越大。

- **能够为接下来的讨论设定锚点**。每当有人提出想法的时候，你可以迅速地根据已写下的问题问对方：这个想法可以解决这个问题吗？（有时候一个想法可能会让你改变对问题的看法，这也没关系。重点不是坚持初始框架，而是将问题和解决方案都考虑在内。）

- **留下了书面记录**。如果你是为客户工作，写一份书面问题陈述能帮你避免将来的冲突。人的记忆很容易出错，如果没有这份记录，客户很可能记不清当初委托你帮忙解决的问题是什么。

## ◆ 你的问题是什么类型？

准备好了问题陈述之后，下一步就是回顾。为了做好回顾的准备，我们首先需要快速回顾问题框架研究的早期阶段，了解问题不同的呈现方式。

20 世纪 60 年代，创意研究领域创立约 10 年后，颇具影响力的教育家雅各布·盖泽尔进行了一项关键观察。他指出，人们在学校培训中所接触到的问题往往与现实生活中遇到的问题有很大不同。

在学校中遇到的问题往往以整齐有序的形式出现："这是个三角形！如果一条边是这么长，那么第三条边的长度是多少？"这个问题出现在毕达哥拉斯定理一章的结尾，帮助人们更好地理解。盖泽尔称这类问题为"呈现型问题"，在这些问题中，我们需要做的是实施解决方案，并且努力不在过程中搞砸。

在社会上遇到的问题就不一样了。比如，人们往往会在第一份工作中遇到这些问题：老板需要了解最新的市场数据；我需要阅读这三份报告，写一份总结。但是，随着职业生涯的发展，要处理的问题越来越复杂，并且常常以这三种类型出现，每种都有不小的挑战：

1. 一个定义不清的麻烦或痛点。
2. 一个我们不知道如何实现的目标。
3. 一个被人喜欢的解决方案。

要掌握问题诊断的艺术，盖泽尔谈到发现问题的理念，对深入地理解这三种类型是很有帮助的。

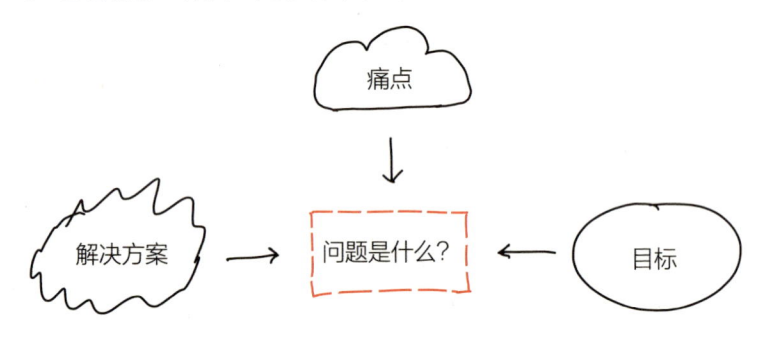

**问题类型 1：一个定义不清的麻烦或痛点**

在正式着手去认识问题之前，人们常感觉这些是定义不清的麻烦或痛点。有些问题突如其来，毫无征兆，让人难受：销售额像落石一样下滑。还有些其他问题更加微妙，过程更煎熬，平静中带着绝望：我的职业生涯已经停滞不前；行业正在衰落；我妹妹不学好。

一般来说，引发痛苦的原因并不清楚。例如，在临床心理学领域，心理治疗师史蒂夫·德·沙泽估计，开始治疗时，三分之二的患者无法指出他们想要解决的具体问题是什么。工作中的麻烦事也是这样，比方说当有人提到"公司的文化是问题所在"时，基本上可以理解为"我不知道问题是啥"。

在痛点面前，人们往往不愿停下来思考，直接跳到解决方案中。以下是一些典型例子，注意从痛点到解决方案是怎样自然过渡的：

- 新产品卖不出去，我们需要在市场营销上再投点钱。
- 调查显示74%的员工经常没事干，我们得更好地传递公司目标。
- 工厂违反了太多安全规定，必须制定更明确的规则，处罚也要更严厉一些。
- 员工对重构都非常抵触，我们必须开展培训，这样他们才能接受改变。

有时候，逻辑还没完全确定，人们就开始以此为基础提出解决方案："我的爱人压力很大，我俩一直在吵架，生几个孩子估计就能解决我们的问题了。"有的时候解决方案看起来相当合理，而且在部分情况下确实也证明有效，但说到底，这不等同你能够用它解决你所面临的问题。

**问题类型 2：一个我们不知道如何实现的目标**

我们现在的处境 → 完全未知 → 我们希望实现的目标

难以实现的目标也是一个问题。经典的商业例子是所谓的增长差距：领导团队设定了 2000 万美元的营收目标，但常规销售只能卖出 1700 万美元。从哪里再去创造 300 万美元呢？使命宣言和新任 CEO 的成长战略也常常会有类似表述：我们希望成为××市场的领先者。

面对痛点时，至少还有一个可探索的出发点，但目标却不一定有，因为你很可能完全不知道从哪里入手。比如，怎样才能找到一个长期伴侣呢？我总是朝着大街上的陌生人大喊大叫，可这似乎又不太好。

我们只知道现在做得还不够，但是难以实现的目标要求人们尽快创新，避免墨守成规（这也是领导人喜欢设定这类目标的原因）。

解决问题时，目标驱动型的问题首先需要做到识别机会。虽然机会识别主要是由创新学者研究的，而不是解决问题的研究人员，但其中所需的技能与重构法和问题识别都密切相关。例如，许多成功的创新取决于重新思考客户真正关心的是什么，而非市场上现有的解决方案迎合了什么。

**问题类型 3：一个被人喜欢的解决方案**

最具有挑战性的场景是当你提出需要一个解决方案时。想象一下，平面设计师客户说，"我的网站需要一个绿色的大按钮"，新手设计师会直接按要求设计一个按钮，但之后客户会来抱怨："按钮不行！"（或者还有人说："当我说绿色按钮时，你应该知道我指的是红色开关。"）如果你不知道要解决什么问题，一味地满足对方需求可能不是个好主意。

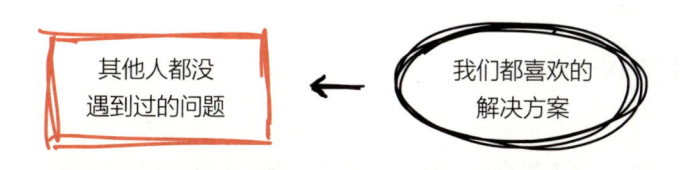

其他人都没遇到过的问题 ← 我们都喜欢的解决方案

不难发现，解决方案至上的工作方式无处不在。以下是几个示例，其中之一在本书后面部分还会涉及：

- "我们应该开发一款应用程序！"
- "我梦想开一家销售意大利冰激凌的公司。"
- "我看到一个很酷的网站，员工都在这里分享他们的想法。"

我们也要搞一个。"

有时候人们会热衷于一个想法：我们应该做某件事！但却完全没有证据表明他们梦想的解决方案能够解决现实世界的问题。（"你会问，我们解决的是什么问题？嗯，在宇宙中留下痕迹啊。"）这被称为寻找问题的解决方案，后果更严重，糟糕的解决方案不仅浪费时间和金钱，甚至还会带来危害。

还有一种常见形式，解决方案被伪装成问题。以慢速电梯为例，房东可能会来找你说："我们要筹钱来支付新电梯的费用。预算中的哪部分可以削减一些呢？"

## ◆ 审视问题

在将具体的重构方式付诸实践之前，最好先对问题陈述进行总体回顾。

以下是能够帮助你进行回顾的几个问题，这份清单能够培养你的问题素养，对问题的架构方式有整体的了解。清单中还重点标注了一些典型的重构实例，篇幅不大，不足以单独再开一章，但并不能说明不重要。

以下是问题：

1. 陈述是否属实？

2. 有没有自我约束的限制？

3. 问题概述中是否已暗含解决方案？

4. 问题表达得清楚吗？

5. 问题出在谁那里？

6. 有没有夹带强烈的情绪？

7. 是否存在虚假的利益权衡？

## 1. 陈述是否属实？

在第一个慢电梯的案例中，很多人忘了问一个关于框架的基本问题：电梯真的很慢吗？

反正租户说它慢，就被理所当然地认为是客观事实。当然，其中还可能包含其他诸多因素：可能是认知问题；可能是为了降租金；或者其他的目的。

在审视问题时，首先要问：如何辨别真伪？这有没有可能是错的？

· 货物运到市场的时间是不是真的很晚？跟踪数据是如何创建的？

· 这篇关于大规模杀伤性武器的报道有多可靠？

- 儿子的数学老师真的像我想的那样无能吗？他以前的学生期末考试考得怎么样？
- 关于我逝世的报道有没有可能被严重夸大了？

**2. 有没有自我约束的限制？**

有时仅仅通过阅读问题的描述，你就会发现自己无意识中就对解决方案施加了不必要的约束。

以我哥哥格雷格斯·韦德尔－韦德尔斯堡的经历为例。回到移动互联网的早期，格雷格斯在丹麦广播公司TV2工作时，员工们向他提出了一个想法：试试开发出可以在手机上观看的内容会怎么样呢？

格雷格斯觉得主意不错，但有一个问题：由于移动端内容在当时是未知的领域，没有已知的盈利模式，而且TV2当时正面临财务削减。所以要把这一项列入当年的预算可能很困难，但写进下一年的预算中也不是不可能。

但格雷格斯很快意识到，对这个问题的定义太狭隘了：谁说钱必须来自TV2？他需要的只是一点启动资金，那别的地方能提供吗？他让团队走出TV2，从合作伙伴里可能的投资者中找。

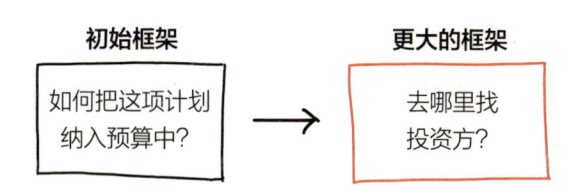

```
初始框架                  更大的框架
┌──────────┐             ┌──────────┐
│如何把这项计划│    →      │  去哪里找  │
│纳入预算中？ │             │  投资方？  │
└──────────┘             └──────────┘
```

团队找到了投资者。其中，丹麦的手机运营商们对 TV2 开发移动端内容非常感兴趣，高容量的视频内容能够增加数据流量部分的收入，还能推动智能手机的销售。结果实验进行得非常顺利，TV2 在几乎没怎么花钱的情况下，最终进入移动市场并成为行业龙头。

要想知道自己在建立问题框架的过程中是否进行了自我设限，只需简单回顾，然后自我反思：我们是如何建立框架的？思路是不是太窄了？是否针对解决方案进行了没必要的限制呢？

### 3. 问题概述中是否已暗含解决方案？

几年前我曾参与教授一门 MBA 选修课，让学生们做一个创新项目。以下是其中一个团队对自己项目的介绍：

我们希望通过开展更好的营养教育，促进学校的健康饮食。

这句话中明显已经暗含假设：人们之所以不去吃健康的食

物，是因为知识欠缺。但这一观点值得商榷，绝大多数商学院的学生都知道什么是健康食物，什么不是。薯条也算蔬菜吗？我可没听人这么说过。

在以类似的方式建立问题框架时，已经体现了对特定解决方案的倾向性。想想我参与的旨在促进性别平等的企业倡议的问题声明。

---

**问题：**

我们还没有赋予女性领导者足够的权力，让她们成为有效和可见的榜样。

---

请注意，解决方案"打造更多的女性榜样"已经被列入了最初的问题陈述中，不在于问题判断是否准确，重要的是我们建立的框架要具备可质疑的特点。

如果不懂重构，你可能会接着问，比如，如何帮助更多的女性成为榜样？这样一来就陷入了很可能毫无帮助或并非最优项的框架中。

相比之下，受过重构训练的人会问这些问题：其中是否涉及其他因素？宣传工作做得怎么样？非官方交流做得到位吗？女性成为高级决策者的可能性是越来越少吗？

不一定非要有答案，仅仅是提出问题或许就有可能帮你获得更好的解决方案，哪怕最后还是会回到第一个判断上。

4. 问题表达得清楚吗？

前面的示例中的各个团队在问题表述时都非常清晰，这是一个很好的出发点。相比之下，来看看另一位客户的表达：

> 问题是，我们需要提高新客户的利润率（营收）。

这句话实际上并不是一个问题，而是伪装成问题的目标，谈到了他们希望收入从哪里来再附加一些额外细节。像这样的"问题"陈述通常会让团队将视角从问题本身转移到客户关心的问题上。例如，用什么能吸引新客户签约？新客户流失的原因是什么？

还有第二个来自同一家公司的例子。他们的问题是：很多优秀员工跳槽到别家公司，员工的流失率太高。

**目标：** 员工流失率从 14% 降至 10% 以下。

**问题：** 过去 5 个月一直在尝试，但无任何好转。

这是一个典型的痛点陈述：我们已经努力了 5 个月，但无任何改善。这种情况就非常适合运用重构。要找到解决方案，最高效的方法是不断思考问题，而不是再浪费 5 个月的时间反复试错。后面我们会讲到两种重构的策略，对此，你可以：

**重新思考目标。** 除此之外，还有更好的目标吗？例如，能不能在老员工跳槽离职之后再吸引他们回到公司，而不仅仅是预防流失？当员工在职时，能否想办法让他们发挥更大价值？是否可以通过重新思考公司的招聘机制，把重点放在那些离职可能性较低的员工身上？如果离职的员工们都具备一些共性，那我们是否可以避免招聘这类员工，连入职培训都可以省掉？

**看到积极的一面。** 与其纠结员工为何离职，不如考虑其他员工为什么留下。看看那些仍然在职的顶尖人才，是什么让他们拒绝了更诱人的薪资或更令人心动的工作机会呢？公司能否在这些优势的基础上再接再厉，而不是一味地想着弥补自己的弱点？有没有一些企业不存在员工流失的情况？有没有哪些是值得我们学习的？或者，我们是不是也从一些"更诱人"的其他友商手上招聘到了员工呢？他们加入的理由是什么？能否更好地利用他们的前同事人脉帮我们内推，或者请他们成为公司的非正式宣传大使？

5. 问题出在谁那里？

在描述问题时，应使用完整句子，原因之一是它能让你看到最细小但可能是关键的细节。比如一个细节就是，是否用到了"我们""我"或"他们"这样的词，这些细节都有助于定位问题。

这个问题是否完全由他人造成？问题是上夜班的员工超级懒，还是说整个团队都为问题的产生承担责任，就像拥有女性榜样的团队一样？（"我们没有赋权……"）

在对问题建立框架的过程中，是否将问题"甩锅"给领导，或把自己撇得一清二楚："CEO不认真对待，我们也没办法创新。"甚至再夸张一些，问题框架中连个可以担责任的人都没有："问题是公司的文化太僵化了。"

在讲到"对着镜子自我反思"的重构方法时，我会与各位分享一些如何找到更具可操作性的框架的建议，包括审视自己在问题创建中所扮演的角色。

### 6. 有没有夹带强烈的情绪？

目前为止，我们所分析的表述基本都是中性的，虽然可能不够冷静，但至少没有传达出暴风般的情绪在项目团队中疯狂咆哮的感觉。在下面的例子中，这位经理一直在用"咆哮体"，显然心情不太好：

---

没有设计思维的人才会设计出这种低效的流程！！！

---

安特卫普商学院教授史蒂文·波尔曼斯与我分享了一条有用的建议：永远不要情绪化表述。像"没有设计思维的人"这些微妙的表述（翻译为：白痴），更是印证了说话者很难从逻辑层面或实施层面出发去解决问题。

此外，当认为别人都愚蠢、自私、懒惰或漠不关心的时候，务必三思。有些事一开始看起来非常愚蠢，但在与别人换位思考之后，或许会发现是个好主意（当然也有可能证实是彻头彻尾的烂主意）。这一点在"从他人的角度出发"部分会有详细解释。

## 7. 是否存在虚假的利益权衡？

利益权衡大概是隐藏最深的问题了，人们必须在两个或多个预定的选项之间选择：选 A 还是 B？

对于决策者而言，未经合理分析的利益权衡是常见典型陷阱。多个选项的存在会让人产生已具备完整全局观和能够自由选择的错觉，却从未想过更好的选择或许根本没在选项范围中。

有时候制定选项的人故意试图引导你选择某个结果。例如，美国政治家亨利·基辛格曾开玩笑说，那些想要维持现状的官僚给政策制定者提供了三种选择："核战争、现行政策或者投降。"这句话可是出了名的。

但其实大多数情况中，你所面临的选项并非刻意操纵的结果，只是大家都需要面对的"自然而然"非此即彼的权衡。你想要高质量还是低成本？应用程序是要更加易于使用，还是提供多种定制选项？在营销活动中，你想要覆盖更多消费者还是确定精准目标定位？

解决问题方面的专家罗杰·L. 马丁证明，创造性的思想家一般会抵制这种权衡。在其他人进行成本效益分析，选择痛苦最小的选项时，专业问题解决者会尝试更深入地探索问题，并带来新的、更好的选项。

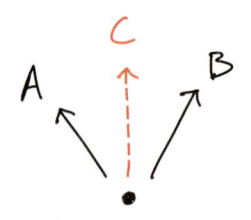

这样做的初衷是打破框架，提出以下问题：这个选项的框架是如何确定的？这是唯一的选择吗？我们要解决的问题是什么？

以下是我遇到过的，最令人印象深刻的问题解决者之一是如何处理一个错误的权衡的故事。

### ◆ 在皇家棕榈园为潮人提供食物

多次创业的阿什利·阿尔伯特当时在佛罗里达暂居（她当时在佛罗里达是为了获得烧烤比赛的评委资格），这期间，她注意到当地公园的一些沙狐球场已经被年轻潮人占领，他们非常喜欢这项运动。

受到这一经历的启发，阿什利和她的商业伙伴乔纳森·施纳普也进入了这一领域，在位于布鲁克林时尚人士云集的 Gowanus 社区创办了皇家棕榈沙狐球俱乐部。很快问题就来了：要在店里提供食物吗？

具备招待经验的人都会说，这是一个关键决策。要是供应餐食就会非常麻烦：要进行健康检查，要招聘更多工作人员，还有很多其他的行政负担，更重要的是，这个买卖并不赚钱。饮料，特别是酒精饮料才赚钱。因此，阿什利和乔纳森应该只供应饮品。

但问题是，大家都知道潮人群体也爱吃，如果皇家棕榈园里不供应食物，游客们只会逗留一两个小时。这可不行，阿什利和乔纳森希望的是大家整晚都在附近逗留，这样才能从卖饮料中挣到钱，这也符合潮人们在这里谈情说爱的需求。

面对这种两难境地的企业家，大多数最终都咬紧牙关接受了供应餐食所带来的繁重行政负担。而那些坚持不提供餐食的店，也只能忍受晚餐时间空无一人的冷清场景。阿什利决定看是否能找到第三个选择。她跟我说：

"两个选择我们都不想选。所以我们开始集思广益，思考另一个问题：如何才能在避开麻烦的情况下，还能享受到供应餐食带来的收益？出于种种原因，大家提议的常见的一些解决方案，比如使用送货服务或与附近的餐厅送货服务合作，都未能成功。但我们一直没放弃，最终想到一个新主意，据我所知，我们还是首创者。"

今天，当你进入皇家棕榈园时，会看到布鲁克林人在玩沙狐球。有留胡子的中年人，有穿牛仔的年轻人，诸多独特的时尚元素可供选择。在俱乐部的右侧角落里,也就是通向阿什利和乔纳森车库的入口处,一辆美食车让人耳目一新。这种在纽约无处不在的美食车就停在车库里,每晚为潮人提供食物。

这个解决方案很棒。由于食品准备完全是在食品车内完成的,这样,只要司机具备食品许可证即可。最终,阿什利成功地避开了申请食品许可证的麻烦。同时,阿什利和乔纳森还可以根据日期和季节自由选择不同的食物类型。

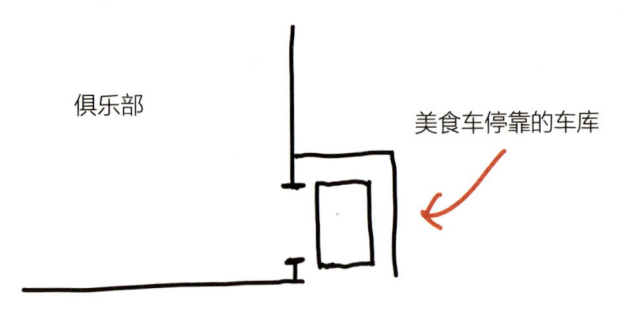

俱乐部　　　　　　　　　美食车停靠的车库

从美食车车主的角度来看,整晚都在附近逗留的人群都是他的客户,这点在冬天尤为重要,特别有吸引力。阿什利和乔纳森在酒水上赚得盆满钵满,甚至可以向美食车车主提供有保障的最低收入,以防晚上生意清淡,收入不佳。

但是,夜晚漫长并不是问题。截至我发稿时,这家俱乐部已经非常挣钱,而且阿什利刚刚在芝加哥开了她的第二家沙狐球俱乐部。为什么是芝加哥?我问过她,她回答说:"我们需要在气候不好的地方开店,这样人们才想待在室内。"

## ◆ 最后注意事项：保存详细信息以便以后使用

这里分享的七个问题可能会对你有帮助，但你要考虑的远远不止这些。随着重构技能逐渐精进，你会逐渐将更类似的模式添加到大脑构思的陷阱库中。

在对问题进行了初步审视之后，流程的框架步骤就完成了（记住循环：建立框架、重构问题、继续推进）。在我们开始下一步（重构问题）之前，我和大家谈一谈现阶段有哪些事不要做。如果你之前有过一些目标设定、行为变化或类似的经验，你很可能会忍不住将这些问题具体化："吃得更健康"是什么目标？太含糊了！应该说："每天至少吃三块水果，不包括炸薯条。"

关注细节是一个很好的习惯，并且几十年来行为改变的研究表明，如果人们设定了具体可衡量的目标，也能清楚规划为达到目标需要做出哪些努力，那么最终成功的概率就会大得多。模糊是改变的敌人。

但在这一步上，努力抠细节反而是一个陷阱。如果急于关注细节，你很有可能会迷失在细节中，忘记对问题的总体框架提出质疑。埋头努力之前，必须看清大局。在非常确定正在研究的就是正确问题之前，先不要浪费时间在细节上修修补补，这也是我们接下来要研究的五个具体重构策略中的第一个。

**本章总结**

建立问题框架

在重构问题之前,首先需要建立框架,找到出发点。因此你需要:

・问一下:"我们要解决的问题是什么?"这个问题能够触发重构过程。你还可以问:"我们是否解决了正确的问题呢?"或者:"让我们再讨论一下这个问题吧。"

・如果可以,快速写一份问题陈述,用几句简短、完整的话来描述问题。

・同时,列出主要的利益相关者:谁与这个问题相关?

框架初步建立起来之后,接下来进行快速审查。请特别注意以下内容:

・这一说法是真的吗?电梯真的很慢吗?与什么相比?我们是怎么知道的?

·问题中是否进行了自我设限?TV2团队问的是:"我们在哪里能找到钱?"而不是假设钱必须从自己的预算中来。

·问题概述中是否已暗含解决方案?

经常在建立框架时就已经指定了特定答案。虽然不一定是坏事,但还是要注意这一点。

·问题表达得清楚吗?

问题并不总是以提问的形式出现。你常常用问题掩盖自己的目标或痛点。

·问题出在谁那里?

像"我们""我"这样的字眼暗示了谁可能应该对这个问题负责。但其中谁没有被提及呢?

·有没有夹带强烈的情绪?

如果你需要用情绪化的词语表达自己,说明你在这方面需要再进行深入思考。

·是否存在虚假的利益权衡?

·是谁给了你这些选择?你能创造一个比现有方案更好

的替代方案吗？

完成了初步审视之后，第一步（建立框架）就完成了，并为下一步的重构问题做好了准备。

## 第四章　跳出框架看问题

### ◆ 快速挑战

纽约　　　　　　　　　　　　　　　勒阿弗尔

我们的船

在 19 世纪，法国数学家爱德华·卢卡斯向他的同事提出一个问题。虽然不需要数学技能，不到一分钟就能解决，但最终没有一个同事答对。

你能比专业数学家做得更好吗？顺便说一句，这不是什么刁钻的问题，不会要求你用奇怪的方式解释单词，或者把书倒过来，或者用柠檬汁蘸在某一页来寻找秘密。

在你准备好回答之前，不要阅读本页以外的内容（如果你不想思考，那就随便猜一个）。

### 纽约—勒阿弗尔问题

船运公司 Bonjour 运营着纽约和法国城市勒阿弗尔之间的直航航线,每天双向一班。也就是说,在纽约,每天中午都有一艘船驶往勒阿弗尔,同时在勒阿弗尔,也有一艘船驶往纽约。两个方向的行驶恰好需要七天七夜。

问题是:如果你今天乘坐 Bonjour 船离开纽约,在到达勒阿弗尔之前,你会在海上遇到多少艘 Bonjour 船?只需要考虑本公司的船,只考虑在海上相遇的情况(在港口不算)。

### 想出解决方案了吗?

有些人猜测可能是 6 艘或 8 艘船。但仔细思考,大多数人得出的结论是,肯定是 7 艘船。如果你的答案也是 7,那你就和大部分人的答案一样。

但抱歉,你答错了。正确答案是 13 艘船。我马上解释。

### 框架设限的危害

纽约—勒阿弗尔这个问题说明的是解决问题中的常见陷阱:将问题框定得过于狭隘。

简言之，看待事物时持中立态度是值得肯定的。相反，在混乱的情况下，当你开始用理智解决问题之前，潜意识已经围绕问题的特定部分画了一个框架。

初始框架设立之后将意味着框架内的一切都经过了仔细的审查，但框架外的一切却被忽略了。事实上，因为建立框架的过程很大程度上是潜意识的（研究人员用的是"自动"一词），我们往往都意识不到自己的局限性。

以下是关于纽约—勒阿弗尔问题的解释。

### 清点船舶

大多数人思考问题的方式是这样的：

·我们的旅程需要七天七夜，所以可以计算出，在这段时间里，总共有 8 艘船离开勒阿弗尔。（可以通过列出工作日的方式进行检查，下文的图示可供参考。）

·题目规定必须在海上与船只会合，第 8 艘也是最后一艘船除外，这艘船刚到港口就下水了，不能算入内，因此 7 艘船是最终答案。

计算过程没有错，但不够完整：在我们之前出发的船肯定是漏掉了，当我们离开纽约时，这些船已经在海上了。考虑不全面的结构请见下文，后面是正确的结构。

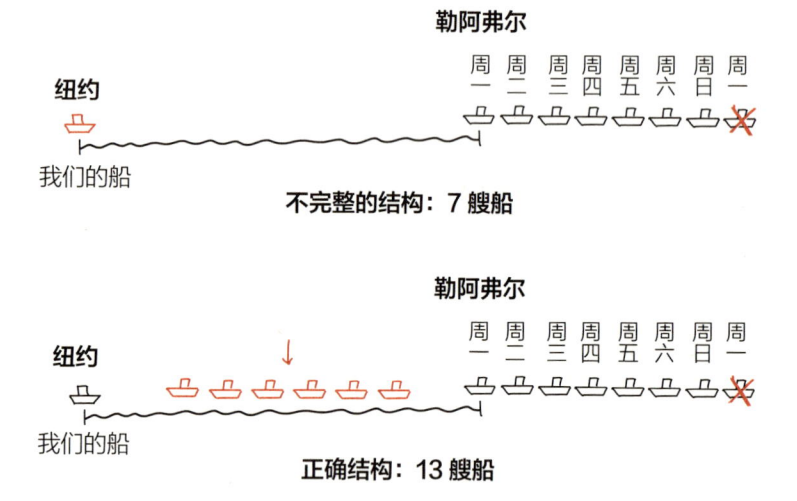

**勒阿弗尔**

**纽约**

不完整的结构：7 艘船

**勒阿弗尔**

**纽约**

正确结构：13 艘船

好的，如果你答对了，恭喜！你完全有理由沾沾自喜！但如果你做错了（虽然大多数人都会做错），你应该停下来反省一下：为什么漏掉了那 6 艘船？这道题可不是随随便便扔给你解答的数学题，你读的是关于如何解决问题的书，主题就是人们不知道如何正确构建问题，所以这道题里显然会有圈套！

要理解人们为什么会犯错，除了无意识的框定效应，还有更多同样起作用的因素。值得注意的是，在纽约—勒阿弗尔问题上，也有高度"明显"的框架内问题，吸引着大脑的注意力。在审视最初问题框架的时候，我们的脑海中立即就在这样想：嗯，一周内下水的船是7艘还是8艘？那最后一艘呢？我们是不是在港口遇到那艘了？我数一数才更准确吧！（拿出我们最值得信任的朋友——十根手指，开始算数。）

框架里这些显而易见的问题马上就抓住了我们的注意力，所以大家都开开心心地直接跳到这一步了，完全没考虑到还有其他角度。

**策略：埋头解决问题之前，先跳出来看看**

专业的问题解决者如何避免这类陷阱？他们会刻意避免去研究那些摆在明面上的细节，反而会在脑海中自动"缩小"，方便审视全局，问一些这样的问题：当前的问题陈述中遗漏了什么？哪些是我们没有考虑到的？在框架外，有没有哪些问题是我们目前还没有注意到的？

许多不同领域的专家都喜欢用"缩小"的工作方式。例如，设计学者基斯·多斯特在一项对专家设计师的研究中发现，在与客户合作时，专家设计师"不会正面解决核心悖论，而是倾向于其周边的问题，喜欢从更广泛的问题背景下寻找线索"。

医生们也是这样做的。正如丽莎·桑德斯在《每个病人都会讲一个故事》(*Every Patient Tells a Story*，一本很好的医学诊断入门指南）中所描述的，优秀的医生不会只关注病人的自诉病史，还会对病人、症状和病史做一个整体的评估。这样才能发现其他医生遗漏的线索，有些甚至是被忽略了几年或几十年的线索。

工业运营方面的专家也在练习"缩小"。受到被称为"系统思维"的学科的启发，制造业和工作场所安全等领域的问题解决专家需要跳过引发事故的直接原因，寻找更高层次的系统性问题。比如，狗吃掉了你的家庭作业，但是谁把作业放在碗里，并撒上狗粮的呢？

所有这些方法都有一个共同的核心概念：在深入研究表面细节之前，先跳出框架看问题。下面四个方法可以防止你过于狭隘地界定这个问题。

### ◆ 1. 跳出自己的专业领域

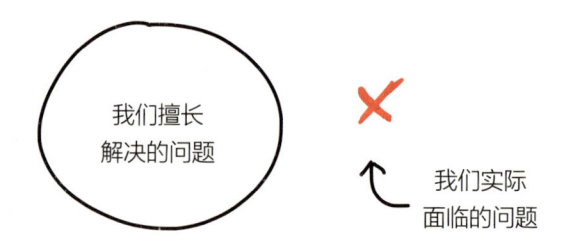

哲学家亚伯拉罕·卡普兰在 1964 年出版的《调查行为》(*The Conduct of Inquiry*) 一书中提出了他称为"工具法则"的概念：

"给小男孩一把锤子，他会发现眼前的一切都是钉子。"

卡普兰这条生动的法则并非来自研究木匠的野性孩子，而是来源于他对科学家的观察。具体地说，他发现科学家们经常将问题与自己最精通的技术相匹配。

这样做的不止科学家们。很多人都喜欢把问题限定在适用自己"锤子"的范畴内，选择擅长的工具或分析角度。特别是有时默认解决方案根本不起作用，最终还是得重新审视自己的方法。然而，可能出现的更糟糕的结果是，顺手的解决方案确实奏效，自己在过程中也未加思考，从而关闭了寻找更优出路的可能。

以下是我在巴西与一群高级管理人员工作的例子。该团队的任务是向 CEO 提供改善市场对公司股价看法的建议。

利用自身的金融专业知识，该团队迅速列出了影响其股价的各种杠杆：市盈率预测、负债率、每股收益等。当然，这些对 CEO 来说都不是什么新鲜事，况且这些因素也不是他们能左右的。团队出现轻微的沮丧情绪，于是我鼓励高管们使用"缩小"工具，想想自己思考的时候遗漏了什么，这时，新想法出现了。

（你可以先暂停阅读，猜一猜团队最初拿出了怎样的结果。提示：这个想法来自一位人力资源主管。）

人力资源主管问道："谁可以和分析师打交道？"当外部金融分析师打电话给公司询问信息时，他们通常接触的是职位较低的管理层，这些人完全没有接受过任何如何与金融分析师交谈的培训。这个想法一提出来，团队就知道他们找到了能够推荐给 CEO 的方案。

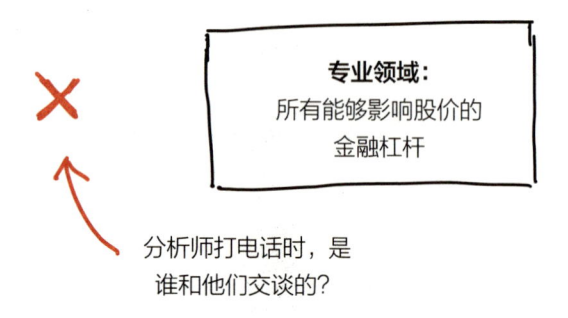

> **专业领域：**
> 所有能够影响股价的金融杠杆

分析师打电话时，是谁和他们交谈的？

这个故事还说明了请局外人参与重构的重要性。股价问题显然是财务问题，因此一般只会请那些精通金融的人参会，而请人力资源主管（非财务专家）参与决策，更多的是从以人为本的视角出发，让团队跳出金融的视角看问题。

但是，仅仅请外人参会还不够，我们必须积极邀请他们提出不同视角，可以利用"缩小"和询问有哪些遗漏点等方法实现目标。

### 放下你的"锤子"

我就卡普兰的"工具法则"简单说两句：有默认的解决方案并不一定是坏事。但在某些情况下，盲目使用默认方式是有问题的。比方说，当您只有一次机会把事情做好时，或者首选解决方案如果运用不好时，可能会造成损害。

除此之外，遇到问题时伸手去拿自己最熟悉的锤子也不是不对。我们之所以偏爱某种特定工具，正是因为过去它在大部分的时间都帮了大忙。面对未知的问题，从最熟悉的工具开始也是完全合乎逻辑的。

但当"锤子"已经明显不起作用了，你还不肯放手，这才是错的。这就像不管我怎么大喊大叫，我的爱人从来都不能按时离开家门，那看来我下次还应该继续大喊大叫，之前的 50 次失败可能是统计上的偏差。

如果你在问题面前，多次尝试使用首选方案之后仍然无法解决，很有可能需要重新建立问题框架。正如犯罪小说家丽塔·梅·布朗所说："精神错乱就是一遍又一遍地做同样的事情，但却期待着不同的结果。"

### ◆ 2. 回顾过往事件

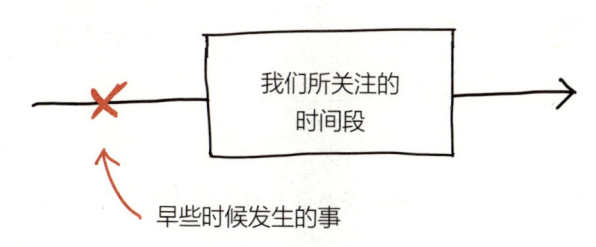

思考一下你将如何应对这种情况：

十几岁的女儿放学后早早就回家了，看起来很沮丧。你问她发生了什么事，她说自己和老师吵架了，最终的争吵升级到女儿怒气冲冲地走出教室。这不像她：她一般都是很听话的乖孩子。

如果你想搞清楚到底是怎么回事，你会问女儿什么问题呢？

这时候，父母通常会放大明面上的细节："争吵是怎么开始的？你的老师怎么说？你是怎么回应的？为什么会不开心？"之后父母会基于这段对话的分析得出结论：我女儿变得越来越叛逆，毕竟只是个普通的青少年。或者把责任转移到老师身上：作为教室里的成年人，难道他不应该更有能力处理好这种情况吗？学校真的需要找更好的老师了！

但如果是受过专业训练的学校咨询师可能就会问你女儿一个不同的问题："今天早上有没有记得吃早餐？"令人意外的是，文明讨论和大打出手之间的区别往往在于参与者是不是还在饿着肚子（另一个可能性是没睡好）。

就像数船问题一样，早餐的例子表明，如果能注意到事件之前发生了什么，可能会给你新的思路。

- 上一次我们员工想要创新的时候发生了什么？

- 客户来找我们之前尝试了哪些解决方案？
- 上一批在树林里租了这间偏僻小屋的青少年遇到了什么？

当然，这种方法可能有些过头了。追溯得太久很可能会让你开始考虑那些难以改变的深刻历史因素。尽管如此，还是建议多考虑一些，避免从时间角度把问题定义得过于狭隘。

### ◆ 3. 寻找隐藏的影响

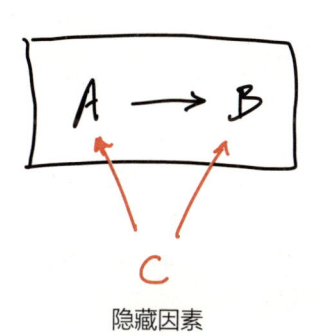

隐藏因素

如果你问一位学者关于逻辑陷阱的问题，对方可能会回答是相关性与因果关系弄混了。仅仅因为两件事常常同时发生，并不一定意味着其中一件事是另一件事的起因。往往第三个潜在因素才是真正的罪魁祸首（科学家称为"混杂变量"）。请看下文案例。

### 棉花糖测试能告诉我们什么？

读过相关科普图书的读者可能已经听说过棉花糖测试。实验中，斯坦福大学心理学家沃尔特·米歇尔和他的团队把棉花糖放在年幼的孩子前面，一人一个，并告诉他们："如果你们15分钟内不吃这种棉花糖，我就给你们第二块。"然后他们离开房间，偷偷地观察。

米歇尔和他的同事们都认为，孩子们延迟满足的能力高低预测了他们在青少年时期成功与否。抵制得住诱惑的孩子们成了成就卓著、健康成长的年轻男女，而意志力低下的孩子则不然：健康状况较差，在一系列其他指标上的表现也较差。

**假定关系**

**自我控制**
以对棉花糖的
抵抗能力来衡量 ⟶ **未来的成功**

收获：要让孩子成功，就要培养其意志力。但是，研究结果真的是这样吗？

根据泰勒·瓦茨、格雷格·邓肯和权浩南最近的一项研究，这背后还有故事。在米歇尔和同事最初对90名学龄前儿童进行的研究中，所有儿童都来自斯坦福大学校园。在这项新的研究中，瓦茨和同事们在 900 名儿童身上测试了这一理论，最重要的是，他们确保测试对象中包括来自贫困背景的儿童。

结果是：这个测试体现的并不是意志力问题，而是钱的问题。

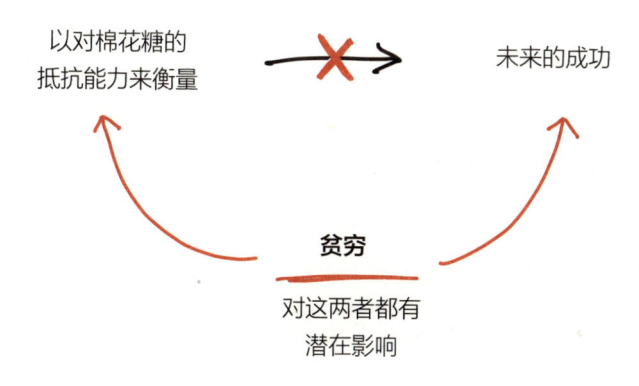

以对棉花糖的抵抗能力来衡量 ✗→ 未来的成功

**贫穷**

对这两者都有潜在影响

完整的解释很复杂，核心内容是：贫穷的孩子会狼吞虎咽地快速吃完棉花糖，因为在他们成长的环境中，明天可能没有食物吃，并且大人们不一定总能信守承诺。相比之下，富裕的孩子们习惯了可预测的未来，永远不缺食物，并且他们身边的成年人，往往都会信守承诺。

将这一因素考虑在内之后，研究人员认为对棉花糖的抵抗能力和孩子未来的成功之间的联系就没那么紧密了。如果想让孩子成功，不一定教他们延迟满足，但需要改善经济条件。

接下来的商业案例是一位名为皮埃尔的财务主管与我分享

的，与寻找隐藏因果要素相关。皮埃尔需要调研他所在的大银行的面试过程。这家银行名声很好，常常能收到很多非常有才华的人的求职申请。但许多候选人最终选择不在那里工作。

一开始，团队调查的是以下几个因素：面试太困难了吗？薪酬不具备竞争力吗？银行的面试官是不是也起到了一定的影响？可以上这些似乎都不是关键原因。

直到皮埃尔跳出框架，才发现了隐藏的因素，最终谜团得以解开：拒绝率很高的面试都是在银行旧办公楼里。相比之下，在新的现代化办公楼中接受面试的应聘者都很喜欢公司，并将之作为就业第一选择。但这些候选人只有在签署了合同，银行金库大门"嘭"的一声关上之后，才会看到旧办公室。

## ◆ 4. 寻找不明显的因素

前文介绍的这两种策略，"回顾过往事件"和"寻找隐藏的影响"，实际上是同一策略的两种不同版本，即寻找因果因素。

这些绝不是唯一"隐藏"在框架之外的因素。有时，能否找到非明显解决方案取决于我们能否仔细考虑到事物的属性。下面的案例是问题解决领域的经典挑战。

灯泡问题

你新房子的地下室有三个灯泡，但出于某些原因，开关在一楼，而且没贴标签。你膝盖不好，所以最好少爬楼梯。问题是：你要去地下室几趟才能弄清楚哪个开关和哪盏灯相匹配？根据记录，灯都可以工作，每个开关只控制一个灯泡，现在所有灯泡都处于关闭状态。

如果你想尝试解决这个问题，请在此暂停阅读。

仔细想想，很多人可能会认为两趟就能解决，没有必要跑第三趟，可以通过排除法推断第三个开关。这个思路目前没问题。

但其实跑一趟就能解决这个问题。你知道原因吗？强调一下，这不是刁钻的问题，也不涉及钻洞、调整电线或建立复杂的镜像系统等疯狂操作。解决方案很简单，不涉及之前问题陈述中没有提到的项目或其他人。

试一下！但要注意：这一点理解起来会比较难。提示一下，"跑一趟"解决方案依赖于所涉及的其中一件事情的某一个不明显特征。可以想象灯泡除了发光还有什么其他属性。

**跑一趟的解决方案**

以下是灯泡问题的一次性解决方案：

第一步：打开其中两个开关。

第二步：等一分钟。

第三步：关闭一个开关。

第四步：下楼去摸摸那两个没有点亮的灯泡，其中一个摸起来会热乎乎的。

大多数人会发现这个解决方案比跑两趟的解决方案要更明显。虽然大家都知道灯泡在打开之后会发热，那为什么这个解决方案大家都想不到呢？

## 框架让我们看到

因为我们的潜意识试图在构建一个问题时尽可能有效——一些研究人员称大脑为"认知守财奴",它只把自认为最关键的要素包括进去。

考虑灯泡问题时,你可能没有想到墙纸的颜色,或者现在是什么季节,夏天还是冬天。这两件事似乎都与解决问题无关,所以大脑也非常明智地完全不费心去想它们,并且大脑创建了问题的简化表示,也就是心理模型,然后你就开始围绕着模型思考,只去想与开关有关的东西,直到最终想出解决方案。

## 但框架也蒙蔽了我们

简化是一件好事。如果不能快速放大问题的关键部分,我们就会无休止地陷入考虑墙纸颜色的困境(当然了,装修公司听了都很高兴),但这也意味着现实世界中潜在的那些有用因素被忽略了。

功能固定性是其中一个促成因素,说的就是人们只关注事物最常见的用途(灯泡产生光)而忽略了不太明显的用途(灯泡可以用来产生热量)。

要找到这些隐藏信息,你需要问这几个问题:

- 这个情况涉及哪些对象？
- 它们还有哪些其他属性？能够以非传统的方式使用吗？
- 还有哪些可利用的信息？

下面举一个如何通过识别和利用隐藏信息来解决问题的小例子。

假如你在迪士尼乐园做停车场服务员，管理主题公园外的巨大停车场。每天都有一万多个家庭来到这里，停好车，并前往入口。

一般情况下，大型停车场的不同区域都有明确的标记，方便人们在回家时尽快找到自己的车：我们的车在唐老鸭专区，7B区。但每周都有大约400个被晒晕了的家庭，还有在这里玩得晕头转向，被戴着米老鼠发卡的小孩子的叫喊声吵蒙了的人们，忘了自己的车停在了哪儿。怎样才能解决这个问题呢？

第一个观察可能是，这种类型的问题以前可能已经解决过（这是"闪光点"战略的精髓，我们将在后面介绍）。像联邦快递这样的快递服务，或者商业港口的集装箱设施都配备了GPS跟踪、车牌扫描和类似技术的解决方案。

但这种解决方案的成本可能有点高。有没有更聪明的解决方案，仅依靠现有的资源，不需要新技术？

有，迪士尼的停车场管理员发现，即使人们忘记了停车场号码，他们也会记住自己到达的时间。记者杰夫·格雷在加拿大报纸《环球邮报》(The Globe And Mail)上说道："迪士尼员工只需写下早上每排停车场填满的时间。只要顾客知道自己什么时候到达，迪士尼的工作人员就能找到他们的车。"

如果你在阅读本书的过程中也在尝试解决自己的问题，现在就可以开始了。拿出你的书面问题陈述，试着把这些策略应用到一个或多个问题上（在开始之前你可以先设定好计划用多少时间）。

如果你没有要解决的问题，那就简单地把接下来的几页当作一个章节来复习，忽略以下所有的说明即可。

**本章总结**

跳出框架看问题

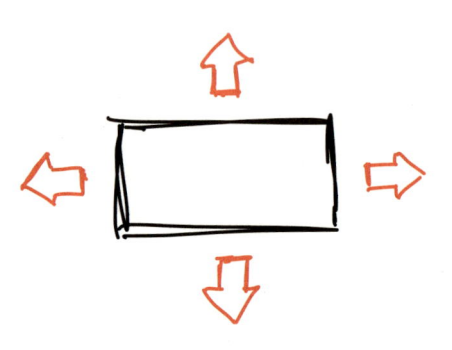

在问题面前，记得要跳出框架来思考问题：

· 不要沉迷于表面上的细节。
· 想想目前对问题的陈述中可能遗漏了什么。

大致回顾完成之后，可以开始应用本章中提及的四种策略，我简单总结一下：

### 1. 跳出自己的专业领域

别忘了锤子定律：在框定问题时，我们倾向于让它与自己的首选解决方案相匹配。巴西的金融人士只关注股票价格的金融指标，而忽略了人际沟通。

你需要考虑的是：

·你最喜欢的是什么"锤子"，也就是你最擅长用来解决问题的方法是什么？

·你的"锤子"适合解决什么类型的问题？

·如果眼前的问题不属于这一领域，你会怎么办？

## 2. 回顾过往事件

回想一下和老师争吵的案例，之前的事件可能导致了冲突，也就是："你今天早上吃早饭了吗？"

你需要考虑的是：

·你是从哪个时间节点来考虑这个问题的？

·在这个时间节点之前，有没有其他重要的事情发生？

·从这个角度出发，你是否遗漏了其他信息？比如，是否会因为某件事可能带来的结果而刻意选择某种行为呢？

### 3. 寻找隐藏的影响

还记不记得在棉花糖测试中，研究人员完全忽视了贫困所带来的影响呢？或者皮埃尔是如何弄清楚银行写字楼对招聘结果的影响的？

你需要考虑的是：

- 你是否遗漏了某些利益相关者所带来的影响？
- 相关人员是否找到了更高层次的系统性因素？

### 4. 寻找不明显的因素

别忘了灯泡问题。在这个案例中，灯泡的非主要特性：能发热，可以带来一个比大多数方案都更有效的结果。

- 你是否可以调研一些问题本身所蕴含的不明显的信息？
- 现有的数据能否帮助你获取新的信息？
- 功能固定性是否对你产生了影响？

最后，其他"框架外"的因素你是否注意到了呢？激励措施？情感因素？被你忽略的其他人或团体？继续推进之前，请认真思考这些因素。

# 第五章　重新审视目标

◆ **为什么我们要质疑目标？**

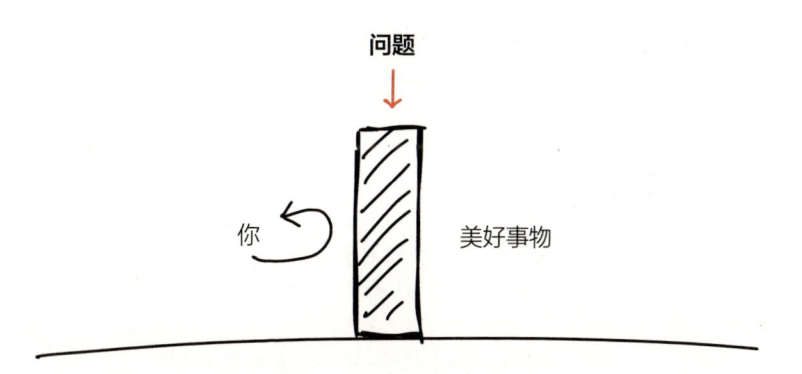

问题
↓

你　　　美好事物

我们经常把问题看作障碍：那些恼人的东西会阻碍我们得到自己想要的东西，比如金钱、幸福或甜蜜的报复。

"问题即障碍"的思维模式从直觉上来讲似乎没错：我们都有过被官僚体制、不合作的同事折磨的经历。但这个思维模式上有一个微妙的陷阱：大家都把注意力放在了障碍上，都在想如何绕过它，但这样反而会让人忽略更重要的眼前的目标。

大多数目标都享有一种奇怪的免受审查的能力。你选吧：击败竞争对手、开发业务、推动创新、升职当官，这些都是人们脱口而出的常见目标，值得努力争取。职场之外也是如此，比如学业发展、寻找伴侣、购买房子……这类目标早已在文化中根深蒂固，人们都理所应当地认为这些目标必定是合情合理的，不会有人质疑。

当然我不是说这些目标不好，大部分时候确实也是合情合理，值得为之奋斗的，但也有例外。

有时候，要想取得根本性的突破，关键不在于分析障碍，而是提出不同的问题：

- 我们追求的目标正确吗？
- 还有没有更好的值得追求的目标呢？

这就是重新审视目标的本质所在。接下来我要和各位分享一个叫作马特奥的领导人的故事。

**寻找更好的目标**

马特奥刚刚接任审查小组的领导者职务时，面对的是前任领导设立的相当雄心勃勃的目标：要把响应时间缩短一半。

　　审查小组负责管理运营业务的关键：中央数据库。每天公司里都有大量员工向小组发送各种变更申请。在确定更改申请无误之后，小组将确认执行。这里基本上是数据库的信息交换所。

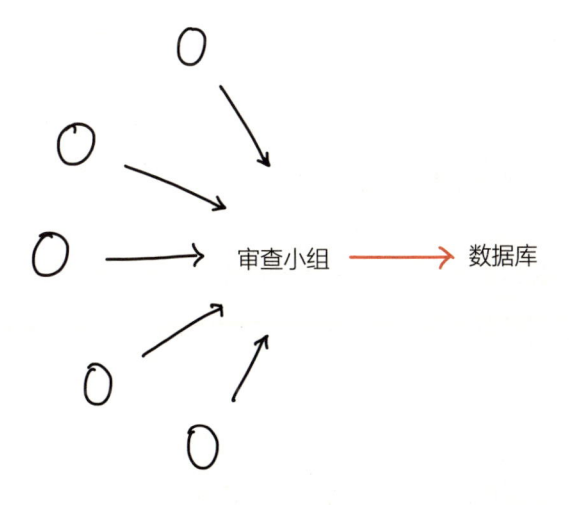

```
     O
      ↘
   O
    ↘
     →
  O  ────→  审查小组  ────→  数据库
     ↗
   O  ↗
     ↗
   O
```

　　公司成立初期，审查运作良好，但随着公司的发展，变更请求成倍增加，小组开始不堪重负，基本上变更都要等待两周之后才能执行。

　　为解决这个问题，老领导召开了员工小组会，给大家设定了关键目标：

　　我们目前的响应时间肯定是不行的。团队处理请求的速度应该提高一倍，将时间缩短到一周。

这是一个定义明确的延伸目标的典型例子：要实现的最终状态非常明确，并且所有人都清楚其重要意义。于是在这个目标的推动下，大家工作都非常积极。

几个月后，老领导退休了，马特奥接手团队。在交接会上，老领导对马特奥说："团队在实现一周响应的目标上表现很好，放手交给他们去做，没问题的。"

其实马特奥只需要轻轻松松地维持原样，最终总能实现一周完成的目标，皆大欢喜。但实际上马特奥重新审视了目标，改变了思路，不仅完成了目标，还实现了突破。他说：

"每个人都在努力使团队更快地处理请求，但这一定就是正确目标吗？这样一想，我发现真正的目标不是团队的工作速度，而是降低数据库执行更改请求的时间。旧目标当中有个明显的预设：所有的工作都必须由我们团队经手，并获得人工批准。把关注点从团队本身移开，事情就简单了，另一种解决方案也就自然而然浮现：业务部门可以直接进行更改，无须我们参与。"

**获取直接访问**

马特奥转移了关注点之后，团队开始梳理请求更改的类型，结果发现大约 80% 的请求，操作起来既简单又相当安全，因此针对这些请求，团队建议不如直接访问，也就是允许马特奥团队以外的人直接进行变更，无须经过审查小组审查。

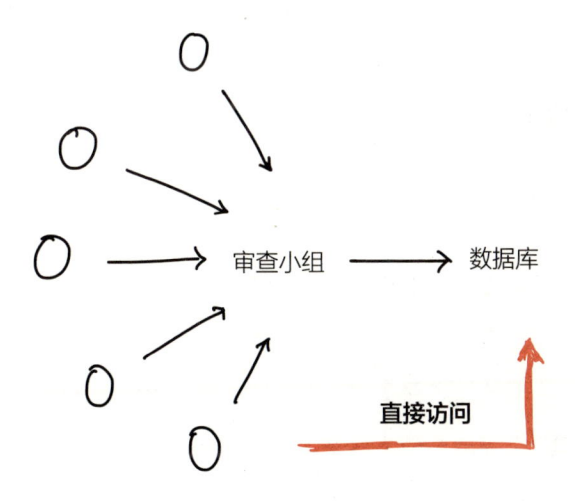

```
       ○
            ↘
   ○
          ↘
   ○  ——→  审查小组  ——→  数据库
          ↗                ↑
   ○    ↗              直接访问
       ↗
   ○
```

需要说明的是，这种解决方案实现起来很有难度。马特奥团队必须对其他业务人员进行操作培训，其他人也需要在完成日常工作的同时额外完成工作。马特奥告诉其他业务部门："近几个月，我们的响应时间会比之前慢，但等培训完成之后，我们会为您带来更好的解决方案。"

马特奥实现了自己的承诺。几个月后，80% 可以通过直接访问处理的请求已经由各部门独立完成，其他请求再也不需要等两周，可以实现即时处理。团队现在有了更多的时间，在处理剩余无法通过直接访问更改的请求时效率也更高了。在马特奥新计划的推动下，不仅实现了一周目标，小组的响应速度甚至比之前还要快。

马特奥的故事告诉我们重新审视目标的重要性。对目标的质疑，有时会帮你找到前进的道路，带来更好的结果。以下是你可以使用的五种策略。

### ◆ 1. 明确更高层次的目标

目标并不是孤立存在的，它只是一段旅程的终点：达到目标，永恒的幸福就会随之而来。正如解决问题的学者敏·巴萨杜尔所说：理解目标最好的方式就是将它们视为一个架构或因果链中的一部分，从较低层次的"好东西"到更高层次的"好东西"。

以想要升职的人为例。升职本身不仅是目的，更是实现得到其他东西的一种手段、一种策略，它是达到下一目标的开始，也就是一个或多个更高层次的目标，比如赚更多的钱或变得更受人尊敬。下页图说明了人们如何描述自己升职愿望背后的主要更高层次的目标。

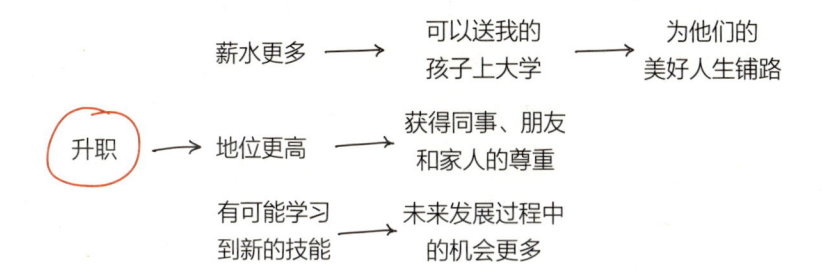

```
                薪水更多 ——→  可以送我的  ——→  为他们的
                                孩子上大学         美好人生铺路

(升职) ——→  地位更高 ——→  获得同事、朋友
                                和家人的尊重

                有可能学习  ——→  未来发展过程中
                到新的技能         的机会更多
```

这张图说明了两个关键点。第一，一个目标带来的不仅仅是一个结果，其背后的多重效应也非常重要。

第二，更高层次的目标也是人们实现最终目标的方法。在这个例子中，赚更多的钱不过是普遍目标，而最终的目标是能够把两个孩子都送去上大学。在运筹学中，这些目标被称为远期目标，与眼前目标和近期目标不同。在广告中也有类似表述："理解客户希望获得的好处。"设计师区分功能和利益，谈判者区分立场和利益，政策专家区分产出和结果。

不管你是在处理自己的问题还是别人的问题，都要看到更高层次的目标。你可以通过提出以下几个问题来实现这个目标：

·你的目标是什么？

·为什么这个目标对你很重要？目标实现之后，能帮助你实现其他目标吗？

·除此之外，达成目标还会帮助你做其他重要的事情吗？

明确更高层次的目标，能够直接引导你找到创造性的解决方案。以谈判研究领域的后续例子为例，罗杰·费希尔、威廉·尤里和布鲁斯·佩顿在他们的经典著作《谈判力》(*Getting to Yes*)中有过分享。

**戴维营协议**

众所周知，早在1978年，明确更高层次的目标促进了埃及和以色列之间的和平条约，当时美国总统吉米·卡特因此邀请各方前往戴维营。《谈判力》中介绍过，这场冲突涉及西奈半岛的领土争端。西奈半岛最初属于埃及，自1967年六日战争后一直被以色列占领。埃及想要回自己的全部领土，以色列希望至少自己能保留一部分。双方声明的目标（谈判中的术语是"立场"）从根本上说是不相容的，所以每次尝试划定边界都没有成功。

但双方明确表达了自身的利益之后，僵局就解开了。埃及关心的是如何要回原本就属于自己的这块土地，而以色列则想要自己国家的安全，担心埃及的铁甲坦克就停在边境的对面，所以以色列更希望将西奈半岛作为抵御入侵的缓冲地带。在这个基础上，解决方案就找到了：建立一个属于埃及但埃及武装部队不能驻扎的非军事区。

这个故事告诉我们，明确更高层次的目标对于解决多方冲突非常有用。

这种方法也适合解决个人问题，因为很多人往往不知道自己想要什么。精神病学家史蒂夫·德·沙泽说："一般来说，客户都有自己不知如何描述的、模糊的或相互排斥的目标。最难而且也最令人疑惑的是，还有人不知道如何判断自己的目标是否已经实现。"

当你明确更高层次的目标时，通常只需要明确两个或三个最重要的目标就够了。很少有人会因为自己第七个最重要的目标没有实现而拒绝一个好的解决方案。

这同样适用于层次结构中的"向上"原则，也就是说要朝着更高层次的目标前进。有效的重构往往潜藏在最初的笼统层次中。承担的风险越大，设立的目标越高，对于重构的作用就越小。（但还是可以指导一般决策——例如，涉及个人价值观或公司目标声明的决策。）

## ◆ 2. 挑战逻辑

A 能否…… —— ? → 一定产生 B?

目标清单可不仅是罗列了一堆美好事物的单子，也是一个世界运作方式的模型，其中包括在你看来发挥作用的关键因果机制。因果关系很重要，但也有可能是错误的。

举个简单例子。在咱们这些睿智的成年人眼里，青少年基本上做什么都是错的。以这个稍微简化过的职业成功模型为例：

退学 → 成为知名艺术家 → 人生赢家

大部分成年人大概都会直接指出模型中逻辑的缺失，或者拿凡·高举例：

成为知名艺术家 → 疯了，自己切掉耳朵 → 死后被世人敬仰

先别笑，经常犯逻辑错误的可不只是年轻人，经验丰富的专业人士也可能掉入错误逻辑的陷阱，即使是在自己所擅长的专业领域。接下来举一个亨里克·维尔德林的例子。

### 重新思考金融产品：付款期限越长越好？

如果你曾经向大公司销售过产品或服务，大概对"发货后 30 天付款""发货后 60 天付款"和"发货后 90 天付款"这样的术语不陌生：这些付款条件指的是公司必须向你支付欠款的天数。

从大公司的角度来看，发货后 90 天付款政策就像获得了三个月的无息贷款，所以大公司经常利用自身的优势拉长付款期限

也就不足为奇了。基本上大部分大公司财务的脑子里都有这样的目标模型：

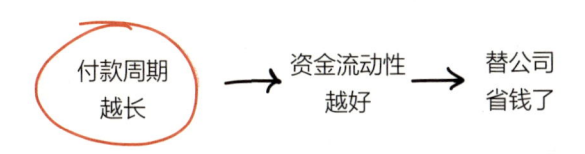

付款周期越长 → 资金流动性越好 → 替公司省钱了

逻辑上似乎相当无懈可击，但这个模型真的更好吗？维尔德林解释说：

如果公司三个月之后才支付账单，实际上是在迫使自己只能与大供应商合作，只有大供应商才扛得住这么晚的付款时间。自由职业者通常报价更低，但却无法接受这么久的结账周期，所以一刀切的发货后90天付款实际上限制了公司只能"享用"最昂贵的供应商。

按照这一逻辑，维尔德林建议的几家大公司都引入了分级支付系统，造福双方。

要检查自己是否也有逻辑错误，你需要审视自己的目标模型，并提出以下问题：

· 我们的关键假设是真的吗？既定的目标一定会带来最终想要的结果吗？

· 如果假设大体成立，有没有哪些特殊情况不适用？是否需要在目标驱动下改进或修改计划?

在这一步中,请外部人士参与讨论可能会有所帮助。作为感知方面的专家,红色协会的安娜·埃比森说:

"事实和假设之间可能只有一条不起眼的界线。有时候假设会在我们的思维中根深蒂固,让人误以为这就是事实。不排除有时候假设确实是事实,但随着外界环境的改变,假设也会有不成立的时候,但我们却常常很难注意到这一点,这时你就需要引入局外人的协助。"

### ◆ 3. 是否有其他方法来实现重要的目标?

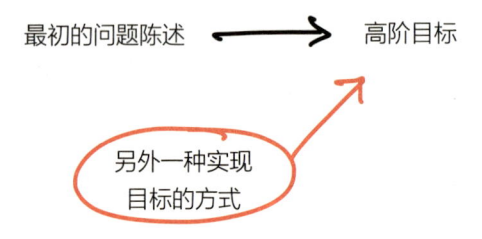

最初的问题陈述 ⟶ 高阶目标

另外一种实现目标的方式

一旦明确了更高层次的目标,我们就可以开始探讨核心问题:直接目标是实现目标的最佳方式吗?或者,有没有其他实现目标的方式?

用前面我们提到过的个人升职目标的例子。晋升的一个重要目标是获得"更高的薪水",从而能够完成一些重要的事情,比如为孩子支付大学学费。

晋升 → 高工资 → 送孩子上大学

第一个观察点:"工资"这个词过于狭隘了,限制了思路。工资就在暗示收入必须通过工作渠道获得,但实际上收入更多的是与钱相关(第三章对自我设限部分的讨论),一个更有效的目标可能是"在未来五年内攒下××美元"。

反过来,这又让你找到除晋升之外的方式来实现目标。以下这张图可以为你提供一些备用选项。

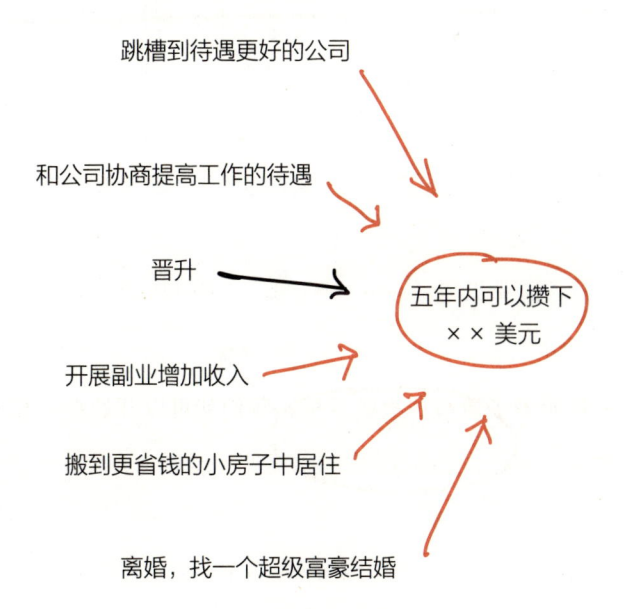

- 跳槽到待遇更好的公司
- 和公司协商提高工作的待遇
- 晋升 → 五年内可以攒下××美元
- 开展副业增加收入
- 搬到更省钱的小房子中居住
- 离婚,找一个超级富豪结婚

### 如何逃离可怕的老板

罗伯特·J. 斯特恩伯格是创造力和问题解决领域的主要人物，他曾给出过这样一个让人印象深刻的真实案例。

在他的《智慧、智力、创造力》（*Wisdom, Intelligence, and Creativity Synthesized*）一书中，斯特恩伯格讲述了一位热爱工作但讨厌自己老板的高管的故事。这位高管对老板实在是忍无可忍，准备联系猎头公司在同一行业内另谋高就。"猎头"说，像您这么出众的履历，再找一份工作肯定不是难事。

这天晚上，高管回家与妻子聊天。他的妻子恰好是重构方面的专家，于是给他提了一个好主意。斯特恩伯格这样说："高管联系了猎头，把老板的名字发给对方，结果猎头为高管的老板找到了一份新工作。老板虽然不明就里，但还是欣然接受了新工作。老板离职后，这位高管顺理成章地坐上了原老板的位置。"

找个新工作 ⟶ 远离可怕的老板

（让老板找个新工作）

## ◈ 4. 别忘了质疑那些显而易见的目标

有些目标看上去不言而喻，顺理成章，正常人似乎完全没理由去怀疑。谁不想更快、更便宜、更安全、更美观、更高效地完成任务？但正是这些看上去没毛病的目标往往会把人们带到阴沟里：很多在孤立层面看起来还不错的目标，放到大局当中去看，反而不一定正确。我们以英特尔公司的故事为例。

英特尔处理器家喻户晓，但鲜为人知的是该公司为斯蒂芬·霍金所做的工作。霍金是全球著名的理论物理学家，同时也是一名轮椅使用者。自从英特尔联合创始人戈登·摩尔在1997年的一次会议上遇到霍金，英特尔每两年就会免费更新霍金轮椅上的软件。

最关键的部分是改进为霍金定制的文本语音转换软件，让这位物理学家能够与世界交流。1997年，霍金用这个系统每分钟只能打一到两个单词，交谈过程极其缓慢。后来英特尔团队利用预测性文本算法，大幅提高了速度，这一技术正广泛应用于现代的智能手机当中。

几年后，又到了更新换代的时候，英特尔团队成员设计师克里斯·达姆说："我们为霍金准备了新版本，速度比所有的旧型号都要快。但是，等我们自信满满地告诉霍金时，他却说：'能放慢一点吗？'"

原来霍金是一心多用的。他写字的时候，房间里的其他人自然会继续和他说话，霍金喜欢在打字时与人进行眼神交流，但用上"改进之后"的系统之后，速度太快，他感觉自己被"锁在"电脑上，直到写完一句话，也没办法和别人眼神交流上。在某种程度上说，速度更快反而成了一件坏事，但这也确实是最开始的目标。

世界上到处都是这类违反直觉的例子。比如，那些看起来像几十年前制作的深夜电视商店广告就是故意为之，这种越是伪装成粗制滥造的广告，越是比那些浮华而高产值的商业广告卖得好。再如，从航班到达出口到取行李处的那段路漫长无比，其实也是故意为之，这样航空公司才能有时间把行李运过来，让乘客不至于在传送带前面等太久（有些人宁愿多走一会儿也不愿在传送带前面等待片刻）。

### 真实性和其他坏事

人们很难做到去质疑目标，有时候是因为很多表述本身就非常积极。比如，真实性，哪个正常人不喜欢真实呢？（"凯特，演讲很棒，但下次能不能试着不那么真实呢？"）这个词的含义就是让我们保留真诚。

但是，真实性也不一定总是好事。比如，新工作是当领导，对于大部分人来说，当领导这件事怎么也不会特别自然。正如欧洲工商管理学院教授赫米尼亚·伊巴拉指出的，初次进行新体验的话，不"真实"是难以避免的，也是个人发展的核心部分。盲目地追求真实只会让你深陷过去，禁锢自我。

还有很多其他的例子。比如，原创性，它听起来不错，但对于厌恶风险的决策者来说，原创性意味着未经尝试、未经考验，很可能会化为灰烬。例如，想想电影行业为什么那么喜欢拍续集和翻拍旧电影（如果你想为新电影找投资者，最好先跟对方说"我的电影很不一样，不会被人告上法庭"）。

除此之外，想想把个人幸福感作为目标。让自己每天幸福感爆棚真的是一件好事？积极心理学运动的创始人马丁·塞利格曼认为，真正的幸福不仅是更积极的情绪，还包括追求难以实现的目标和对他人产生积极影响，这条路要比从冰箱走到电视那条路难多了。

### ◆ 5. 别忘了审视子目标

到目前为止，我们一直关注的都是更高层次的目标，可是你也别忘了还要审视子目标，也就是我们在通向高层次目标的过程中的那些小目标。

在职场晋升的案例中，子目标可能是：

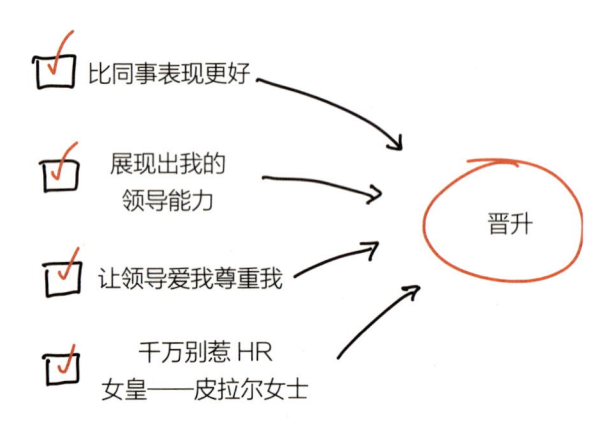

- ☑ 比同事表现更好
- ☑ 展现出我的领导能力
- ☑ 让领导爱我尊重我
- ☑ 千万别惹 HR 女皇——皮拉尔女士

→ 晋升

和更高层次目标一样，子目标也是我们看待世界如何运作的整体心理模型的一部分。同样，子目标也可能是错误、不完整或需要重新思考的。接下来以下面这个放之四海而皆准的职业目标为例：

找一份让我开心的工作。

在继续往下读之前，可以花点时间想一下：你自己关于这个目标的思维模式是什么？你认为工作有成就感的主要因素是什么？在下一步职业发展时，要追求的是什么？

根据本杰明·托德和威尔·麦卡斯基尔创立的英国非营利组织"8万小时"（80000 Hours）的调查，大多数人认为工作幸福感来自两个方面：高薪水、低压力。

但是，人们热爱自己工作的原因呢？答案却不一样。根据托德和麦卡斯基尔对工作满意度进行的60多项研究显示，与职业幸福感相关的有六大因素：

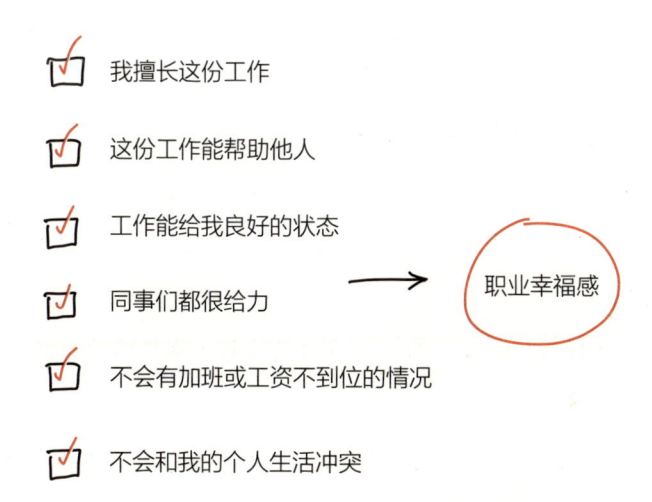

- ☑ 我擅长这份工作
- ☑ 这份工作能帮助他人
- ☑ 工作能给我良好的状态　　→　职业幸福感
- ☑ 同事们都很给力
- ☑ 不会有加班或工资不到位的情况
- ☑ 不会和我的个人生活冲突

不管是高级别还是较低级别的目标，都要做到先明确表述假设内容，然后对假设发起挑战，并确保设定的目标确实是需要解决的正确目标。

各位读者可能已经注意到，我们说的目标、子目标和更高层次的目标的定义都很随意，不必过度关注术语，这些只能代表你是从整体架构中哪个位置开始的，关键的是从最初的目标"向上"和"向下"探索。

## 本章总结
## 重新审视目标

审视你对问题的陈述。

・首先需要写下目标：成功是什么样子的？我想要达到的目标是什么？

・然后画一张目标图（就像促销海报）来阐明更高层次的目标。

・还可以同时写下子目标：为了实现你的目标，哪些步骤是必要的或有帮助的？

如果绘制目标图时需要指导，可以参考闵巴萨德博士，针对每个目标都提出以下问题：

・通过问"为什么要实现这个目标？有什么好处？目标背后是什么？"来获取高层次目标。

・通过问"阻碍我们实现目标的障碍是什么？"来获取子

目标。

- 通过问"还有哪些重要因素"来了解其他目标。

目标图画好之后，先快速回顾，检查一下是否有些目标定义得太窄了（记住"我想要更高的薪水"和"五年内我要攒够××美元"的例子）。扪心自问：是否在制定目标时有自我设限的情况？除非必要情况，否则在建立目标框架时不要指向特定的解决方案。

然后再试着用一下我们在本章中介绍过的其他策略。

**挑战逻辑**

回想之前提到的，财务部门对发货后 90 天付款条款的理解也不一定正确。

可以问问自己以下问题：

- 我们的关键假设是对的吗？既定的目标一定会带来最终想要的结果吗？
- 如果假设大体成立，有没有哪些特殊情况不适用？是否需要在目标驱动下改进或修改计划？

### 是否有其他实现重要目标的方式

还记得罗伯特·斯特恩伯格的故事吗?这位高管利用猎头替他老板换了份工作,自己却没有换工作。第一章我们介绍过洛里·韦斯的故事,与其帮助更多遭遗弃的狗狗被收养,是不是可以通过帮助原主人,让狗狗一开始就不被遗弃呢?

同样,你还可以提出以下问题:

- 有没有值得追求的更好的目标?
- 有没有实现更高层次目标的其他方式?

### 显而易见的目标也需要被质疑

有没有什么目标听上去很好,却不会被质疑?无论如何都要质疑——并警惕具有积极内涵的词语,如真实性、原创性和安全性。

### 别忘了审视子目标

如果还没有设定子目标,现在就可以开始绘制子目标的图了,然后进行相同的审视过程。哪里可能会出错?哪里可能会出现问题?

# 第六章　审视闪光点

◆ **积极的例外的力量**

塔妮娅和布莱恩本来是幸福美满的小两口，但后来总是因为搞卫生、消费或照顾小狗之类的鸡毛蒜皮的小事大吵。虽说两口子吵吵闹闹也正常，但他们俩却都觉得彼此间的冲突已经愈演愈烈。

争吵了几次之后，两人开始分析问题。为什么每次吵架到最后都这么难堪呢？塔妮娅告诉我："我们最初的关注点是'怎么吵起来'和'为什么会吵'。我们分析了吵架时说的话，也花时间研究了深层次的例如价值观这种问题，还讨论了两个人的价值观。"

请注意这里的分析模式。涉及个人问题时，大家常常默认去找更深刻的、历史性的问题，这或许是受到了弗洛伊德的启发：一切都与童年有关。

这种分析模式也许是对的，但即使有了分析结果，也很难去改变什么。"价值观"的架构也是如此：亲爱的，我们只是三观不合。我更想进步，你却像个白痴。我庆幸大家现在把话都说开了。在塔妮娅和布莱恩的案例中，这种分析方式起不到作用。

真正有帮助的是他们对积极例外的分析。塔妮娅说：

有天我们正一边吃早餐一边商量预算，交流很顺利、很平和，但如果同样的对话在晚上交流就会非常复杂，容易让人暴躁，换到睡觉之前和吃饭时进行却容易很多。于是我们开始反思这背后的原因，后来发现大多数的争吵都是发生在晚上 10 点以后。我俩并不是因为价值观不同而吵架，而是因为大家都困了或者饿了才脾气暴躁。

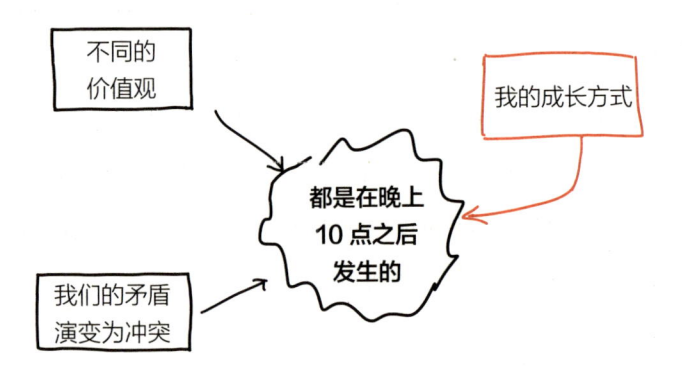

不同的价值观 → 都是在晚上 10 点之后发生的 ← 我的成长方式

我们的矛盾演变为冲突 →

重构之后,塔妮娅和布莱恩制定了"10点钟规则",简单来说就是晚上10点以后,两人不许提出任何严肃或复杂的话题。如果一方失控想挑事,对方就会说:"10点钟!"争吵都必须停止。这个规则一直是他们最好的解决问题的工具,并帮助他们度过了近十年的幸福婚姻生活。

这个故事也印证了本书的关键:解决问题的方法不止一种。比方说,如果塔妮娅和布莱恩选择接受夫妻心理咨询,他们很有可能也解决了问题,或者至少找到了解决方法。但事实上,他们把重心关注在另一个问题之后,问题也迎刃而解了,那就是:我们什么时候不闹矛盾?这个时间段有什么闪光点吗?

**策略:审视闪光点**

闪光点策略是作者奇普和丹·希思创造的术语,指重点去寻找那些问题没那么严重的情况,甚至不存在问题的情况,关注这些积极例外能够让我们获得看待问题的新视角,甚至可能会直接给出一个解决方案。

闪光点策略的起源可以追溯到两个领域。一个是医学。很久以前医生就知道先问病人:你什么时候感觉好一些?

另一个是工程学,除了医学,这是最早为问题诊断建立正式框架的领域之一。查尔斯·凯普纳和本杰明·特雷戈在1965年出版的一本关于根本原因分析的书中提到了这一策略。这本书很有影响力，它让问题解决者们学会去问：**哪里没问题呢？** 从那时起，闪光点问题已经成为全球问题解决框架的主要内容。

有了闪光点思维之后，重构法就会简单很多。但挑战在于如何找到闪光点，并且它们往往会在人意料不到的地方出现。以下四个问题可以帮你找到闪光点[1]：

1. 你之前是否解决过这个问题？
2. 团队中是否存在正态离群者？
3. 还有谁会处理这类问题？
4. 我们可以和他人分享这个问题吗？

### ◆ 1. 你之前是否解决过这个问题？

巨大的无法解决的问题

这次你成功解决了

---

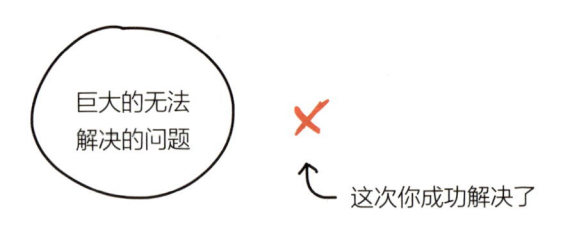

1　本书中列举的策略都借鉴了大量前人的研究。在这里，我想特别感谢奇普和丹·希思的优秀著作《瞬变》(*Switch*) 和《决断力》(*Decisive*)，我在这里引用了其中的建议，有所了解的朋友应该已经注意到了。

如果你在20世纪70年代接受过心理治疗，那么很可能很多年之后，你和心理咨询师还在一次又一次地探讨过去：那么你母亲的母亲呢？她根深蒂固的缺陷是什么？心理咨询师就像一个洞穴探险者，一轮又一轮潜入你的内心深处。

20世纪80年代初，密尔沃基的一小群治疗师发现了一种不同的方法，现称为专注于解决方案的短期疗法。在史蒂夫·德·沙泽和妻子英苏·金·伯格的带领下，团队取得了一些惊人发现：就像塔妮娅和布莱恩能够心平气和地在早餐期间进行讨论一样，很多客户其实已经至少解决过一次这个问题了，但他们与前面这对夫妇的区别在于他们并没有发现其中的闪光点，因此也没有从中吸取教训。

这种情况中，洞穴式的深入治疗就是没必要的。咨询师的工作是帮助客户找到闪光点，之后鼓励客户不断重复，密尔沃基小组利用这种方式，平均只用了8次治疗就成功地帮助客户解决了问题。

### 如何找到闪光点

如果你也想在解决自己的问题时应用密尔沃基小组的方法，请这样做：

- 回顾过去。有没有过类似的情况,哪怕只有一次,问题并没有发生,或问题不像平时那么严重?
- 如果是这样的话,你需要仔细审视闪光点。有没有线索能为这个问题带来新思路?
- 如果没有线索,试着重复一遍这个过程,能否重新找到闪光点在此出现的情景?
- 如果找不到解决当前问题的闪光点,想想是否解决过类似的问题,能否提供一些线索呢?

### 三条经验法则

在从过去经历中寻找闪光点时,请牢记以下三条准则:

**寻找不例外的例外**。如果工作压力很大,回想之前四个月假期的轻松时光可能算不上什么闪光点,一个更有用的方法是更接近问题发生的情况。比如最近有没有哪一天你的压力没那么大?那天有什么不一样吗?

**别忘了审视积极例外**。不要只寻找没有问题的情况,也要想到那些一切进展顺利的时候。比如,有没有哪天你真的从工作中获得了能量?更好地处理压力不一定就是逃避那些会带来压力的事,也可以是为你的一天增加正能量的事,让你有更多剩余的精力来应对压力。

问题是什么时候出现的？但这个问题其实无关紧要？如果问题确实存在，但并未造成不良后果，这也是一个闪光点。你可以这样问自己：我有没有在哪天虽然感到压力满满，但自己努力做到了没有受到它的负面影响呢？这一天有没有什么不同？

在酒店服务业，人们都知道让所有客人满意很难，总会在一些小地方出差错，比如，订餐送完了，干洗弄混了，房间钥匙关键时候不能用了……但这些错误不一定会导致负面后果。酒店主管拉克尔·鲁比奥·伊格拉斯告诉我：

"一般来说，客人不会因为这些小失误而不满意，真正惹怒他们的是酒店员工处理不当。如果员工反应迅速，跑前跑后地为客人解决问题，客人反而会对此次住宿的评价更好，甚至比平时没有意外发生的时候更高。"

### 律师事务所的长远思考

下面这个例子来自一位叫作安德斯的律师。安德斯经常与律师事务所其他合伙人一起集思广益，进行头脑风暴：从长远来看，如何实现业务增长？他们的许多想法似乎都很有希望，每个人都认为它们值得探索。

但他们的雄心壮志维持不了太久，不一会儿，所有人，包括安德斯自己，都转头回到了短期项目中。和公司一样，律所下个季度业绩的巨大压力，一次又一次无情地打击着合伙人对未来的希望。

当我建议安德斯寻找闪光点时，他回忆起一个顺利推进了的长期倡议。那一次有什么不同呢？当时的会议不仅有合伙人出席，还有一位后起之秀的同事，就是她后来一直在推进长期计划。

解决方案自然而然就这样出现了：之后再进行头脑风暴时，记得邀请其他有才华的同事。首先，能够受邀出席战略讨论会，员工们会感到很荣幸；其次，与合作伙伴不同的是，员工在推动长期项目上都有短期动力——要给合作伙伴留下深刻印象，并且在和同事竞争时占据优势。

### ◆ 2. 团队中是否存在正态离群者？

如果在自己的经历中找不到闪光点怎么办？可以看看身边其他人是否有值得借鉴的闪光点：

- 组内员工敬业度太差，但两个小领导似乎做得还不错。
- 所有区域的销售额都在下降，但这个市场却有 5% 的增长率。
- 和父母相处对我来说好累啊！但其他的八个兄弟姐妹似乎却能相处得很好。

即使问题再棘手，放在一个规模足够大的群体中，总能找到应对自如的离群者。在国际实践中的先行者们证明了，外来因素可能是重构问题的关键。接下来这个例子来自杰瑞·斯特宁，他是正态偏差法（positive deviance approach）的发明人之一。

**说服父母支持孩子上学**

斯特宁团队曾与阿根廷米西奥内斯省农村的教师和校长一起工作，他们面临的问题是颇高的辍学率：该省只有 56% 的儿童完成了小学教育，而全国平均水平为 86%。

这背后的原因往往是他们贫穷且不识字的父母。由于父母从未接受过教育，所以他们也并不在意孩子的教育，老师们曾多次劝说父母要注重孩子的教育也无济于事，况且学校的资源也有限，很多老师对此也是束手无策。

斯特宁团队选取了另一个角度看待这个问题：让老师从闪

光点入手。团队在《积极的偏差力量》(*The Power of Positive Deviance*)一书中说道:

"这个问题的初步分析限制了人们的思路。我们能从经验中学到的是,问题的重构往往会在事情进展的过程中发生。对于社区来说,认识问题的最佳途径,是让当地人从实际情况出发,用自己的语言去定义。"

因此,斯特宁团队为当地的教育体系提供了一组有趣的数据:虽然该省大多数学校面临较高的辍学率问题,但还是有三个例外:有两所学校留住了90%的学生,高于全国平均水平;而第三所学校的就学率是100%。这三所学校都没有额外资源的帮助。这是怎么回事呢?

答案在于老师。省里大部分老师在和家长交流时都带有居高临下的态度。而在那些闪光点学校,老师们会努力与家长积极沟通。比方说,老师在开学前会和家长签订年度"学习合同",并且发现孩子们在学校学到的知识能直接帮到家长。团队这样记录:"孩子们学会了阅读、加法和减法,帮父母更好地利用政府补贴、计算玉米产量,还能算清欠村里商店多少利息。"

有了这个发现之后,老师们找到了说服父母的新思路:让孩子留在学校接受教育,不仅仅为他们的未来增加了一些优势(人在穷的时候，谈未来都是奢侈的），也能为父母带来显而易见、立竿见影的价值：如果你让孩子继续上学，你女儿年底就能帮你算清账。

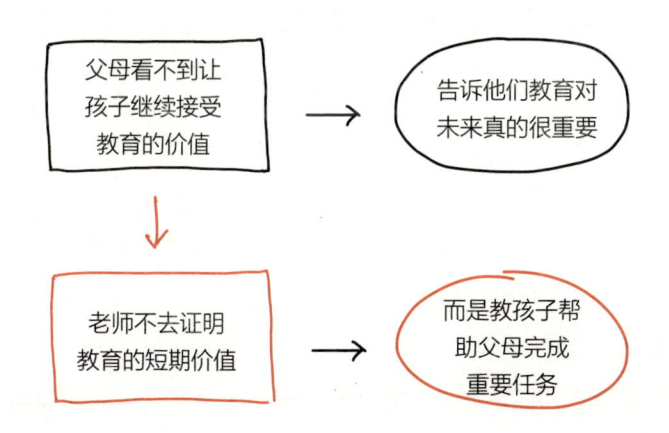

```
[父母看不到让孩子继续接受教育的价值] → (告诉他们教育对未来真的很重要)
          ↓
[老师不去证明教育的短期价值] → (而是教孩子帮助父母完成重要任务)
```

有了这个发现之后，省内的两个学区决定复制闪光点学校的做法。一年后，他们的学生留存率提高了50%。

要想在身边的人身上找到这样的闪光点，你可以这样问自己：

我们认识的人中，有没有人解决了这个问题，或至少找到了更好的方法？

### ◆ 3. 还有谁会处理这类问题？

你个人的特殊问题　　　另外一大堆也遇到同样问题的人

每次向来自不同行业的听众演讲时，我常常让大家做一个小练习：选一个你现在面临的问题，组成小组，之后再与来自不同行业的人一起解决。

刚开始的时候很多人都认为：外行人懂什么？我的问题是很特殊的，并且是行业特有的。这个问题可从来没有谁遇到过，唉！跟他们讨论这五分钟我算是浪费时间了。

但是在简短讨论之后，我邀请大家分组汇报，其中一个小组回答："原来我们都遇到了同样的问题！"

当然，问题肯定不是完全一样的，每个问题都独一无二，细节上总会有出入。但如果不拘泥于细节，许多问题的"概念框架"（conceptual skeleton）都很类似。这个概念是由作家、认知科学家道格拉斯·霍夫斯塔特提出的，也就是说，它们都是同一类型的问题，这就正是为什么人们会发出"我也有同样的问题"的感慨。

寻找闪光点时,细节往往是次要的,不一定要为自己的问题找到完美的匹配方案。在这点上,少就是多:越是概括性地定义问题,越容易在其他地方找到闪光点。波士顿咨询集团亨德森研究所所长、问题解决方面的领先思想家马丁·里夫斯认为:

必须从细节入手:我们能看到的主要特征是什么?一旦掌握了对问题的基本了解,我们就要退后一步,从细节中抽身,将问题概念化,用更抽象的方式表达。这时你可以这样问自己:这种问题还在哪里出现过?

以上是波士顿咨询集团解决问题的关键一步,也正是公司能够在其他行业中寻找到解决方案和闪光点的原因。要掌握这种方法,你需要问:

·眼前面临的是什么类型的问题?如何才能从更广泛、更抽象的角度来思考问题?

·还有谁曾处理过这类问题?我们可以从他们身上学到什么?

下面就是团队利用这一方法解决问题的案例。

**辉瑞解决了跨文化问题**

在医药巨头辉瑞公司工作期间，乔丹·科恩创建了一项名为 PfizerWorks 的内部服务，员工可以将枯燥的工作外包给虚拟分析师团队，如数据审查、幻灯片准备和市场研究。

为 PfizerWorks 提供服务的分析师位于印度金奈。分析师将直接与辉瑞在美国总部和全球各地分部的员工互动，不必通过中心后台，这一点非常与众不同。

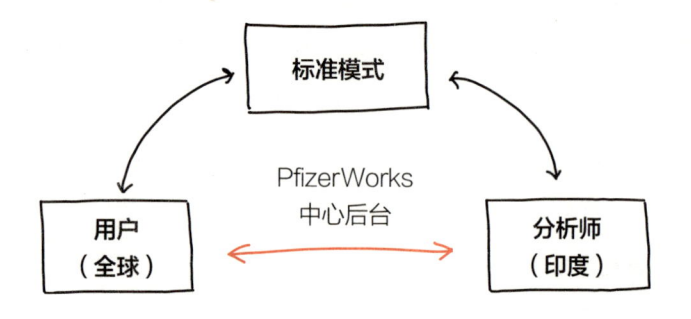

```
           标准模式
          ↗        ↘
         ↙          ↘
    用户   PfizerWorks   分析师
   （全球）  中心后台    （印度）
         ←─────────→
```

虽然改善了 PfizerWorks 的交流，成本效益更高，但问题也随之而来。乔丹团队成员赛斯·阿佩尔告诉我：

"辉瑞在纽约的员工给位于金奈的团队发电子邮件，询问一份报告进度，但相关人员不在办公室。这种情况下，如果是熟悉西方商务邮件交流规范的人，对方会给予措辞礼貌的回复：'亲爱的凯特，谢谢你的信息。很抱歉你的项目负责人桑托什目前不在办

公室，我保证他在纽约时间明早 8 点回来看到后会及时回复的。'

"但实际上凯特得到的回复只有一行字：桑托什现在不在。"

很多人看到这样的回复都会一肚子火：这算什么回复？有人在处理我的报告吗？我能准时拿到吗？我只想知道他有没有收到信息，是不是还得再写一封邮件呢？社会学家和关键重构思想家欧文·高夫曼早在 20 世纪 60 年代就指出，只有在有人违背文化规范时，大家才会意识到文化规范的存在。

这个问题怎么解决？在行业内寻找闪光点是没什么用了，当时的分析师不会直接与用户沟通。因此，乔丹和赛斯在更概念化的层面上分析问题：

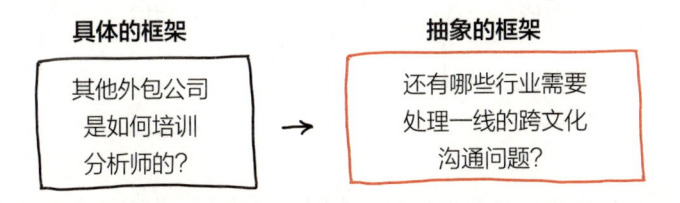

| 具体的框架 | 抽象的框架 |
|---|---|
| 其他外包公司是如何培训分析师的？ | → 还有哪些行业需要处理一线的跨文化沟通问题？ |

如果你想自己猜猜答案，可以暂停阅读，思考一下这个问题，以及他们最终找到了什么解决方案。

赛斯和乔丹在酒店行业发现了闪光点。总部设在印度的大型国际连锁酒店需要为前台和礼宾服务配备人员，要求员工既能与当地人沟通，也可以与来自不同文化背景的人沟通。

按理来说，接下来赛斯和乔丹需要做的是弄清楚酒店的培训方法，然后用同样的方法来培训分析师。但他们没有这样做，而是选了一个更简单的方式：直接从酒店招聘员工。赛斯说："我们的团队需要两种关键技能：完成这项工作所需的分析技能，以及用于沟通的文化技能。我们认为，如果直接聘请已具备文化技能的人才，然后教他们必要的分析技能，比反向操作似乎容易得多，而且这样做也确实奏效了。"

### ◆ 4. 我们可以和他人分享这个问题吗？

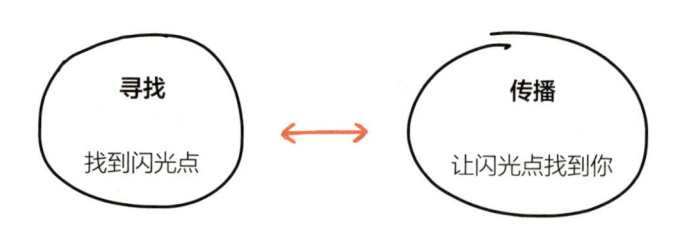

```
    寻找              传播
  找到闪光点  ↔  让闪光点找到你
```

我们刚刚介绍的方法有一个明显的缺点：你要知道去哪里找。当乔丹的团队询问是否有其他人在跨文化沟通方面也存在问题时，找到大酒店的联系方式并不太难。但如果有闪光点出现在一个你从未听说过的行业怎么办？

这时你可以采取另一种方法：**把自己的问题传播出去**。研究表明，如果能够将自己遇到的问题广而告之，让更多的人知道，那么别人找到你不熟悉行业的闪光点的概率就更大。以下是几个可行的方法：

· 下次午饭的时候，记得和其他部门的人坐在一起，并与对方分享你遇到的困境（也可以问问对方面临着什么问题）。

· 在公司内网或者内部渠道上描述你遇到的问题。

· 在问题不涉及保密的前提下，可与其他行业的朋友聊一聊。

· 在可以公开的前提下，考虑使用社交媒体征求意见。

对于一些棘手问题，特别是涉及研发领域的，我们也可以采取更高层次的传播方式。比如，一些在线解决问题的平台允许你分享你的问题（需要付费），把它放在来自世界各地的"解决者"社区面前，其他人可以帮助你与专家网络牵线搭桥，或者帮你举办一场公共创意大赛。不过在这之前，你可以先试一些简单的方法，比如下面的例子就告诉我们，也并非需要大费周折。

### E-850 的案例

全球科学公司帝斯曼（DSM）的研究人员推出了 E-850 的新型胶水后，所有人都认为这无疑是一款明星产品：效果比其他产品更好，而且更环保，对帝斯曼的客户非常有吸引力。

但问题出现了。E-850 的主要应用场景是将薄层木材黏合在一起，形成用于桌子表层的压板。但是当研究人员为 E-850 黏合的电路板上涂层时，层压板的边缘会开始磨损。

在问题解决之前，产品肯定不能投放市场，但问题实在棘手，两年过去了，研发团队仍然一筹莫展。

于是帝斯曼的员工史蒂文·兹沃里克、埃里克·普拉斯和西奥·韦尔登决定把这个难题与他人分享，为了表述更清楚，他们还制作了一份 PPT 并发布到不同的社交平台。为了吸引人们积极参与，公司还提供了 1 万欧元奖金。这笔钱与帝斯曼成功将产品推向市场之后的潜在收益相比，实在是微不足道。

两个月后，团队宣布了好消息：许多人都积极地给出了回复，他们将五个人的想法融合在一起之后，终于帮助研究人员找到了解决方案。[1] 最后，帝斯曼顺利将 E-850 推向市场并取得了巨大的成功。

帝斯曼的案例表明，提出解决方案的人并没有我们想得那么遥远。最终为解决方案做出贡献的五个人中，有三个人是帝斯曼的员工，其中一个是科学家，还有一个是大客户经理，第三个是该公司专利局的见习律师。让更多人知道你的问题，答案会从意料之外的地方出现。

---

[1] 巧的是，解决方案中也用到了重构技巧，因为涉及技术内容，我就不在这里赘述了。

### 关于传播问题的三个提示

如果你选择将自己的问题告知更多人,以下是问题解决网站 InnoCentive 创始人德韦恩·斯普拉德林的三条小建议:

- 不要使用术语,这样才能让更多外行人理解你的问题。
- 提供足够的背景信息。为什么需要解决这个问题?核心障碍是什么?你之前试过哪些方法?
- 不要为解决方案设定太多限制。与其写"我们需要一种更便宜的打井方式",不如写成"我们需要为 120 万人提供清洁的饮用水"(水井也许不是唯一答案)。

关于闪光点战略,最难理解的一点是,这是一条必备策略。从之前的案例中不难看出,很多闪光点其实存在于早已知晓的地方,甚至来源于我们之前的经历(这点我也觉得难以置信)。我们总以为自己能自动找到它们。

事实并非如此。大家都会受到负面偏好(negativity bias)的影响,这是一种科学现象,人们总是会更关注消极的一面,而忽略积极的一面。面对问题时,人们总是把注意力放在哪里出了问题,但不会从成功的经验中去吸取教训。

闪光点策略就是为了解决这个问题。转换思路,把注意力引导到积极的一面(哪种方法奏效),这样你就能找到新的出路,记住这点就可以。

**本章总结**
审视闪光点

你之前是否曾经解决过这个问题？

之前已经解决过的问题，还是常常会给人造成困扰。通过早餐时的平和交流，塔妮娅和布莱恩发现，争吵的原因往往是时机不对。这时你需要思考以下情况是否发生过，哪怕只出现过一次：

- 没有出现问题时。
- 问题没那么严重时。
- 问题虽然发生过，但没有带来以往的负面影响。

你能从这些闪光点时刻中学到什么吗？如果没有，你是否能潜在地重现产生这个亮点的行为或环境——做更多有效的事情？

团队中是否存在正态离群者？

回想阿根廷米西奥内斯地区家长的故事：通过研究三所"异

常"学校,其他学校找到了更好解决家长参与度问题的方法。

· 你身边是否有人解决过这个问题?你在他们的做法中可以找到哪些不同?

**还有谁会处理这类问题?**

要在其他行业找到闪光点,请记住马丁·里夫斯说过的要用更抽象的术语描述问题,以及这种方法是如何帮助 PfizerWorks 团队在酒店服务业中找到闪光点的。

你可以提出以下问题:

· 如何用更抽象的方式描述你的问题?
· 除了你所在的行业,谁还会处理这类问题呢?
· 在类似的情况下,哪些人没有这种问题的困扰呢?他们有哪些不同之处?

**我们可以和他人分享这个问题吗?**

回想一下帝斯曼的案例,公司是如何通过一个简单的幻灯片将自己的问题与他人分享,从而找到解决方案的?当你不知道找谁来解决问题时,你是否也能采取同样的方式呢?

# 第七章　对着镜子自我反思

### ◆ 小孩子的麻烦

你能教小孩子重构吗?

这个问题让我想到了哈德逊实验室学校。这是一所位于纽约州韦斯特切斯特的以项目为基础的学校。创始人凯特·韩和史黛西·塞尔策知道我的工作,并邀请我和学校的学生共同开展重构工作坊。所以在一个晴朗的 8 月早晨,我开始教一群焦躁不安的 5～9 岁的孩子如何重构。

## 小朋友的问题

你可能不知道这个年龄段的孩子有什么问题。下面就是工作坊中出现的精彩案例（为了编辑需要，所有被写倒了的字母、洒满了果汁的纸张和歪歪扭扭上面顶着一颗小皇冠的字母 i 都修改了一下）。

"我想要的那块石头是别人的。"
"我打不过电击兽（一个电子游戏怪物）。"
"我不能打我妹妹，因为她比我小。"

是的，这就是小小人类世界当中的深层次的存在主义问题（公平来说，想要别人的石头可以说是自伯罗奔尼撒战争以来几乎每一场人类冲突的基础）。当我和史黛西、凯特以及其他同事一起上课时，显然，大部分的孩子，特别是年龄较小的孩子，都在重构问题上苦苦挣扎着。

拿迈克的故事举例，当他和兄弟打架的时候，迈克常常挨打，因此迈克的问题陈述很简洁：

我永远都没法复仇。

他选择的解决方案同样简单明了：

先打对方的头。

在我的工作坊中，迈克意识到换一种方法可能效果更佳。于是在一番深思熟虑后，他提出了一个办法：

别打我。

迈克显然已经非常努力，但还是能看出，整个系统仍然在朝着第一个解决方案靠拢。我怀疑迈克和他兄弟的冲突会继续通过现实争执而不是理论来解决。

但也不一定。接下来我们再来看看迈克的同学，7岁的女孩伊莎贝拉应该如何重构自己的问题：

我5岁的妹妹索菲亚经常让我上楼和她一起看电视，太烦人了。

一开始，伊莎贝拉突然给出结论：问题在于她妹妹的性格。索菲亚是个讨厌的人，所以自然喜欢纠缠这位可怜的姐姐。

但这样一来，伊莎贝拉就犯了典型错误：基本归因错误。心理学认为，人之所以做坏事，因为他们是坏人。比如，我的爱人很自私；我的客户都是傻子。人的心中自动会做出选择，就想看地球爆炸。

他人很容易就会被伊莎贝拉的思路带偏，之后她自己也会理所当然地继续持有这个观点。但在一位温柔老师的帮助下，伊莎贝拉开始质疑自己的问题时，她想出了两个备选方案：

重构1：我怎么能不生索菲亚的气？
重构2：索菲亚怎么能不孤独？

在第一次重构中，伊莎贝拉将注意力转向了自己，探索如何管理自己的情绪。在第二次重构中，她跨过了简单化的"她只是个讨厌的人"的观点，做出了一些不同寻常的思考：她开始以更友善、更人性化的眼光看待妹妹。

在下一章中，我们将更深入地探讨如何通过听取他人的意见，获取新的解决问题的视角，努力从对方的角度去理解。在此之前，我们先来聊一下最被忽视的洞察力来源：我们自己对这个问题的贡献。

**对着镜子自我反思：我在制造这个问题上所扮演的角色是什么？**

到目前为止，我们介绍的策略都是关于隐藏在框架之外的内容的：闪光点、更高层次的目标、缺席的利益相关方。

而这一章所讲述的是隐藏在框架内的因素——自己。在考虑问题时，我们往往忽视了自己的作用，无论是作为个人还是作为群体的一分子。

这一点也不意外。从小我们就学会了如何将自己置身事外。窗户和花瓶打碎了，兄弟姐妹突然哭起来，装满牛奶的玻璃杯自己从桌上掉在了地上——我们会下意识地想置身事外。

研究表明，这种思维方式会一直持续到成年，例子比比皆是。这里提到一个故事：1）很可能是逸事；2）太精彩了不得不分享。1977年的一则报道，调查了司机在发生车祸后在保险索赔表格中所写的内容：

"一个行人撞向了我，然后钻到了我的车底下。"

"我的车虽然在倒车时撞上了另一辆车，但我并没有违规停车。"

"当我走到十字路口时，一道树篱冒了出来，挡住了我的视线。"

不管是不是真的,这些话确实反映了一些真实的东西:人类一直不擅长自我认识,并且会在问题面前自然而然地把自己择出去。

**对着镜子自我反思的三大策略**

但是,我们可以通过以下方式来更准确地认识自己。这三大策略可以更好地让你认识到自己在问题制造过程中承担的责任:

1. 了解自己发挥的作用。
2. 将问题缩小在你能解决的范围内。
3. 从外部角度了解自己。

但我必须提醒你,这些策略应用起来可能没那么轻松。跳出框架看问题或重新审视目标并不太费力,找出闪光点的过程也许很快乐,但对着镜子进行长时间的自我审视,诚实地面对自己在问题中扮演的角色,可能会引发不适。就像很多人会千方百计地不去看牙医一样。

我的建议是:直面痛苦。接纳令人痛苦的事实的能力,有时能够带来出乎意料的解决方案。我遇到的很多问题解决者做到的不仅仅是接纳自我反省带来的痛苦,甚至会积极地去寻找,因为他们深知这意味着未来进步的希望。

## ◆ 1. 了解自己发挥的作用

你用过交友应用程序或网站吗？如果用过，你大概会发现很多人的个人资料会随着时间的推移而变化，其中就体现了他们在使用这款应用中的体验。第一次创建个人资料时，很多人通常会写一些轻松的废话：喜欢小狗、摩托车或喜欢在海滩上长时间散步。不久之后，个人资料上就会根据之前的使用体验添加一些细节：

- 给我发信息的时候不要只说"在吗"。
- 拒绝"照骗"。
- 如果和你的图片不一样，那就请我喝酒直到喝醉吧！反正清醒的时候我是不会上当的。

还有一类是"拒绝狗血"的用户。不论男女，这些人会在自己的约会 App 资料上写"讨厌狗血剧情"，有时候后面还会加一堆叹号表示强调："讨厌狗血！！！"当你在某个人的个人资料上看到咆哮体的字，后面还加了一堆叹号的时候，你大概能猜到他之前应该经历过不同寻常的事情。

为什么会这样？有些人会说运气不好，或者恰巧身边总是有很多不靠谱的人之类的，但是不是也要考虑，这些人或许本身就是狗血剧情的创造者，或至少是联合创造者。

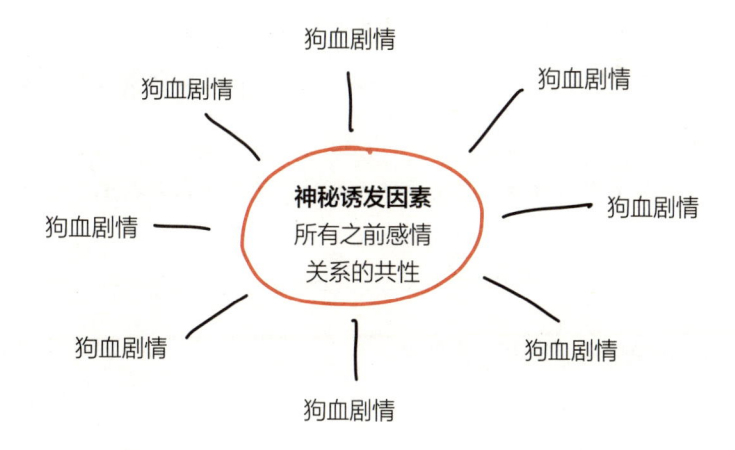

```
       狗血剧情      狗血剧情
  狗血剧情                    狗血剧情
              ┌─────────┐
  狗血剧情    │ 神秘诱发因素 │   狗血剧情
              │ 所有之前感情 │
              │  关系的共性  │
              └─────────┘
  狗血剧情                    狗血剧情
             狗血剧情
```

即使他们自己并没有闹事，但也很可能是这些人倾向于选择爱闹事的伴侣，如果真是如此，那可能要建议这些人审视一下自己的择偶标准。

我之所以分享这个例子，是因为生活中有很多类似的线索，提醒我们自己也可能是麻烦的始作俑者之一：没有人愿意给我诚实反馈。对，自从我炒了那个整天发牢骚的人之后就没有了。

遇到问题时，花时间想一想：有没有可能是我（或我们）的行为在某种程度上导致了问题的发生？

・总部/法律部/合规部几乎拒绝了我们提交的所有想法！我们是不是应该重新考虑一下自己观点本身或推广的方式有没有问题？

・销售人员总是特别马虎，报告中错误连篇，而且交得很晚。报表是不是需要简化，流程需不需要更改？

・员工不太善于协作。作为领导是不是对这个问题也有一定责任呢？

・孩子们不听话，总是玩电子游戏，是不是因为我也在一直看手机呢？

### 避免使用"指责"这个词

对着镜子反思自己确实不是件容易的事，如果以小组为单位，难度更是加倍，因为问题往往是由团队中某个成员引起的（更糟糕的是，这个惹事的人就在现场）。

如何让讨论能顺利一些？别用"指责"，而是说"负责"。这个建议来自哈佛谈判项目的道格拉斯·斯通、布鲁斯·佩顿和希拉·希恩合著的管理学经典著作《高难度谈话》(*Difficult Conversations*)。希拉告诉我：

"'该指责谁？'这个问题本身就会引发问题，因为这等同于：是谁搞砸的？这个人要受到惩罚。'指责'这个词的意思是，某人做了客观上'错误'的事情，比如违反了规则或没有对自己的行为负责任。'负责'的优点在于：你负责的部分可能是完全合理的，虽然没有起到积极作用。'负责'也是一个更具前瞻性的观点，它的意思是，我们必须做出改变，下次才能做得更好。最重要的是，这种说法也是在说，错误往往不是由一个人的行为造成的。虽然因为你走错路让大家错过了航班，但公平来讲，如果我订晚一点的出发时间，富裕的时间也更多了。"

虽然说一个错误可能是由几个人共同造成的，但并不意味着每个人的责任都是一样的，大多数时候仍然是由一个关键人承担责任。重要的部分是把问题看作一个系统，这样人们可以从系统的角度找到所有的改进方案，而不是只盯着一个人。正如优秀的瑞典统计学家汉斯·罗斯林所说："一旦决定了谁来'背锅'，人们就不会关注其他方面了。"

以下是石油和天然气行业的领导人约翰在管理工厂时对这一方法的实践：

"如果车间出了问题，我会把有关各方叫到办公室来商量如何做得更好。在这种情况下，人们自然会担心被指责，会有一些防御心理，但这在问题预防方面毫无帮助。因此，我养成了一个习惯，每次都以这个问题作为开场白：跟我讲讲，你认为公司的哪些地方需要改善？"

这个问题很关键，这样问员工，他们就知道老板不是来指责的。约翰的坦诚态度让员工开始思考对于问题需要承担哪些责任，外部因素又有哪些，最终达成一次富有成效的交流。在约翰和员工的案例中，重点在于关注每个人就问题的发生应承担的责任，从而顺利地让工厂的业绩也有明显改善，而不是责备大家。

### ◆ 2. 将问题缩小在你能解决的范围内

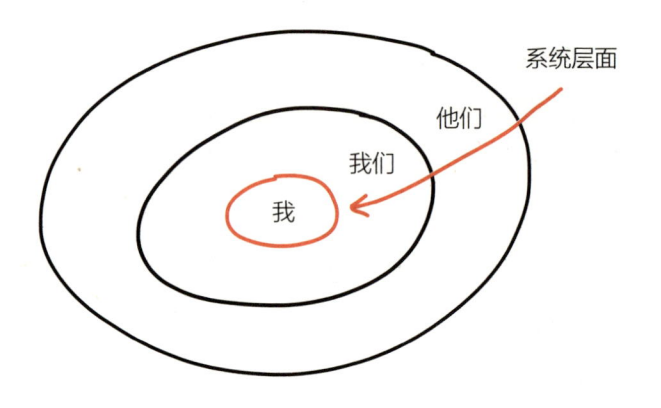

（系统层面 / 他们 / 我们 / 我）

人们似乎总是习惯于将问题定位到自己根本无法解决的层次。比如：

- CEO 如果不把创新列为真正的优先级，我们也无能为力。
- 想让员工的动作更快？还是先给公司 IT 系统升级吧。

·等我买得起一台新笔记本电脑，买得起专业写作软件，在意大利的一座湖边小屋休假半年之后，我才能开始写小说，才有可能在将来获奖。

如果你坚持从系统层面分析问题框架，将会导致"煮沸海洋"式的结果，也就是仅仅从宿命论的角度来看待努力或麻痹自己。作家兼专栏作者大卫·布鲁克斯（David Brooks）是这样说的："认为问题棘手难解决的人，常常将自己和问题割裂开来，在中间竖起一道墙，而不是一个解决方案。"

要避免这种问题，请记住，即使问题看起来很严重，但我们总可以在力所能及的范围内做一些事情，关键是缩小问题。你可以这样问自己：我能为解决问题出一份力吗？我能在力所能及的范围内解决这个问题吗？

**一个"邪恶"问题：腐败**

考虑一下腐败问题。在饱受腐败困扰的国家生活过的人都知道，这种社会疾病几乎侵害了社会的方方面面，包括文化制度：大家都这么做，为什么我不行？腐败被称为"邪恶"问题，虽然不是人们平时所说的骇人听闻的大事，但也算得上是难解决的老问题了。

但是，身居腐败体系中的人，常常能够从自身层面出发，找到反击的办法。乌克兰医疗体系中曾出现过这样鼓舞人心的例子。根据记者奥利弗·布洛的报道，乌克兰医院的供应链曾经是腐败的温床。每次医院需要购买药品或医疗设备时，都会有一些腐败的中间人挪用现金，导致价格大幅上涨和设备丢失，为采购过程带来很大损失。特别是当腐败发生在医院里时，这会导致患者遭受不必要的痛苦，甚至死亡。

后来，乌克兰卫生部通过推进政策做出改变，情况突然出现好转。这是如何做到的呢？

他们将药品采购外包给联合国下设的外国公司，一举消灭了腐败的中间商。布洛写道："这个改进不仅拯救了数百人的生命，还节省了 2.22 亿美元。"

虽然乌克兰其他方面仍存在严重的腐败，但至少在医院这里，问题得到了解决。其背后的原因就是：各位官员、会计和医疗机构决定不再坐以待毙，而是从自身能够控制的层面出发，做出改变。你是否也可以用同样的方法，在力所能及的范围内重构问题呢？

## ◆ 3. 从外部的角度了解自己

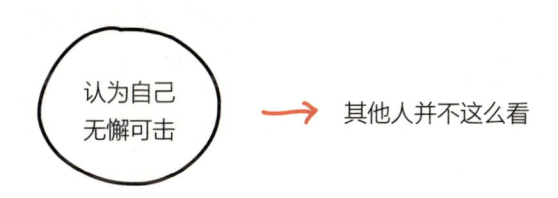

认为自己无懈可击 → 其他人并不这么看

组织心理学家塔莎·欧里希在她的《深度洞察力》(Insigt)一书中，对内在自我意识和外部自我意识进行了重要的区分。

- 内在自我意识是指人们与自我进行情感接触，也就是人们通常说的"了解自己"：深入探索自己的价值观、目标、思想和感觉。
- 外部自我意识是指知晓别人对你的看法。你知道自己的行为会对身边的人带来怎样的影响吗？

欧里希认为，这两种品质没有必然的联系：一个人在山顶待了六个月，平静地思考自己的核心价值观和信仰，但他仍然可能完全意识不到，在其他人眼中自己是一个傲慢、不善沟通的人。要想解决人际关系问题，可以试着更多去了解别人对你的印象。

### 如何获得别人对自己的看法

我的朋友、同为作家的社会心理学家海蒂·格兰特关于这方面有一个简单的建议。找一位好朋友或同事，问对方："当人们第一次见到我时，他们一般会有什么印象？你认为这和真实的我有区别吗？"

海蒂说："这些询问能够让你直接获得很多之前不知道的信息，并且你要问陌生人的看法，而不是好朋友的看法，这样就避免了对方为了面子而选择拍马屁的可能。"（好比：对，鲍勃，我觉得人们可能会把你的普通误解为无能。）

读者们可能已经注意到，这个策略与之前分享的有所不同：关注点不在于手头的问题，而在于自己。增强外部自我意识，不仅能够帮助你解决当前的问题，还能在你将来遇到问题时，提供一臂之力。（就当这是督促你试试海蒂方法吧！）

**克服权力盲目**

如果说从朋友和同事那里得到诚实的反馈很难，那么从老板口中获得诚实的反馈更是难上加难，并且这不仅仅涉及你们之间不平等的地位。哥伦比亚大学心理学家亚当·加林斯基已经证明，掌握权力会降低人们理解他人观点的能力。

作为老板，你可以利用局外人来纠正以上问题，帮助你在看待与员工相关的问题时获得真正准确的视角。以下就是一个公司实例。

### 克里斯·达姆重新定义了可用性

还记得为史蒂芬·霍金设计轮椅的设计师克里斯·达姆吗？几年前，克里斯帮一家世界财富 500 强公司解决了问题。具体地说，那位客户购买了一个软件平台，目的是让员工在不同的项目中共享知识和资源。但问题是，没人用过这个系统。克里斯告诉我：

"客户根据自己与员工的对话，认为这是软件可用性问题，员工说：'输入信息太麻烦了。我根本没有时间。'因此公司认为系统需要简化，这也是请我们来的原因。"

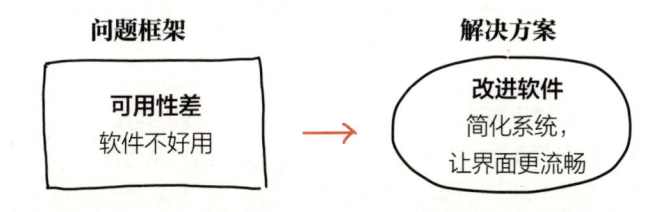

问题框架　　　　　　解决方案

　可用性差　　　→　　改进软件
　软件不好用　　　　　简化系统，
　　　　　　　　　　　让界面更流畅

但克里斯深知问题诊断的重要性：

"根据我的经验，客户在找我解决问题时，五分之四都需要进行重构，他们之中还有连问题框架都不清晰的，最初要解决的问题可能是完全错误的。"

于是克里斯首先组织了一系列小型研讨会，并且在没有高级管理人员在场的情况下，与员工共同探讨问题：

"在和我这样的局外人自由交谈时,员工们反馈的问题与之前截然不同:大家认为将部分信息保密能够保住自己的工作,毫无保留地分享知识和人脉容易让自己轻易被他人取代,更何况这部分工作还是无薪的。"

克里斯知道这并非员工杞人忧天。因为公司奖励和提拔员工的依据就是他们参与的项目,所以大家都在争先恐后地参加优质项目,没有动力去帮助别人。

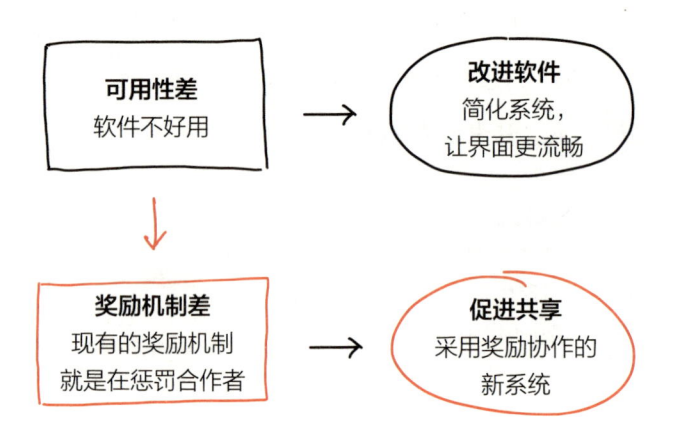

```
可用性差              →    改进软件
软件不好用                  简化系统,
                           让界面更流畅
    ↓
奖励机制差            →    促进共享
现有的奖励机制              采用奖励协作的
就是在惩罚合作者            新系统
```

这一发现也促使客户开始改变奖励机制,建立全新的衡量标准,即"专家评级",标准是曾帮助了多少名同事,他们对你的分享是否满意。专家评级的情况是全透明的,所有人都能看到高价值的贡献者所收获的表彰。更重要的是,管理团队也开始在他们的晋升决策中使用这一系统。新的解决方案实施之后,员工开始踊跃使用知识共享平台,取得了很好的效果。

## 关于企业自我意识的说明

虽然塔莎·欧里希和海蒂·格兰特的观察都是从个人层面出发,但在公司层面也同样适用。公司就像人一样,一方面具有强大的企业文化和明确的价值观,但仍然对其他人——尤其是客户和潜在员工——如何真正看待它们一无所知。

一般来说,外界眼中的公司形象都不太讨人喜欢。不管公平与否(一般来说都不公平),大型机构——尤其是营利性公司,也包括政府组织,通常被公众以负面的态度看待。我的同事帕迪·米勒常常说:"什么时候能像好莱坞电影里面的大公司一样,是正面形象呢?"

在大公司工作的人也许会觉得有点沮丧。制药公司员工一直致力于挽救生命,但病人却认为医药公司还不如那些卖药的人值得信赖。满怀一腔热情进入公共服务部门工作的人,却不得不面对其他人对政府官员和公共部门陈旧的刻板印象。初创企业即使后来发展壮大并取得成功,可能仍然觉得自己只是小打小闹,但在客户眼中,他们可能已经成了接替大公司的有力竞争者。

这时,对着镜子反思是让事情变得更好的一个重要步骤,即使过程可能有些痛苦。

**本章总结**

对着镜子自我反思

重新审视你的问题陈述。对于每个问题,请完成以下步骤:

**了解你的责任**

回想一下希拉·希恩和她的合著者们谈到的专注责任而非指责的想法。问题的发生可能是多个人行为的后果,包括你在内。

· 问问自己:我在引发问题的过程中,扮演了什么角色?
· 即使问题与你无关,问问自己,看待问题的角度是否可以变一变?(回想一下 7 岁的伊莎贝拉看待与妹妹之间问题的角度)

**将问题缩小到你能解决的范围内**

问题可以存在于多个层面。例如,腐败在个人层面、组织层面和社会层面都有体现,并不是所有的问题都是由你的行为或你所能控制的范围引起的，但并不等于不能从力所能及的范围内去解决问题，至少部分问题是这样。对于太过复杂的问题，也可以问自己：有没有哪种重构问题的方法，让我可以在自己的层面去解决呢？

**从外界角度了解自己**

回想一下外部自我意识的概念：如何才能得知他人的看法？你可以这样做：

·让朋友告诉你陌生人对你的看法。
·如果你是一位老板，或者想要解决公司层面的问题，你需要考虑引入外部的客观声音。

最后，在使用这三种对镜反思的方法时，要准备好迎接一些不悦耳的声音，但只有这样我们才能取得更长远的进步。

# 第八章　从他人的角度出发

## ◆ 一个挑战：海报起作用了吗？

我在参观公司办公大楼时，注意到公司内部的宣传海报，不仅电梯里，还有贴在走廊和会议室里的，让其他同事更了解公司内部计划的海报。

### 三个项目的故事

在下文中，你可以看到三张不同类型的海报，分别来自三家我合作过的世界财富 500 强公司（底部的两张是同一个项目的）。

在三个案例中，内部团队的目的都是鼓励同事们注册新的人脉网项目。

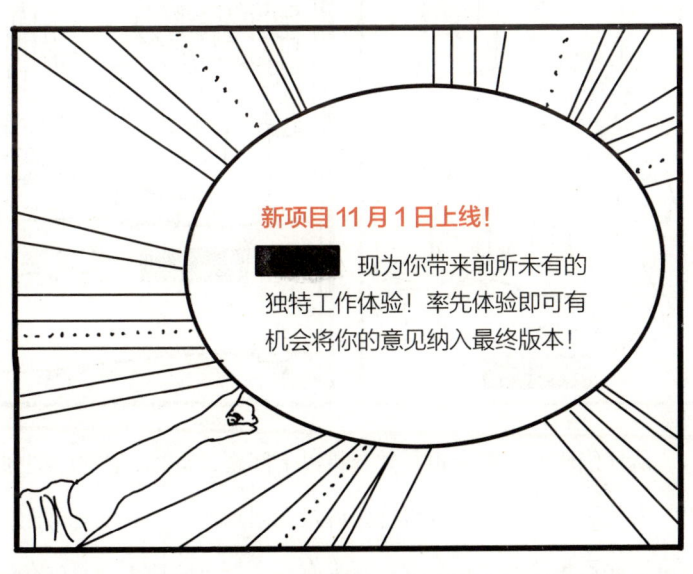

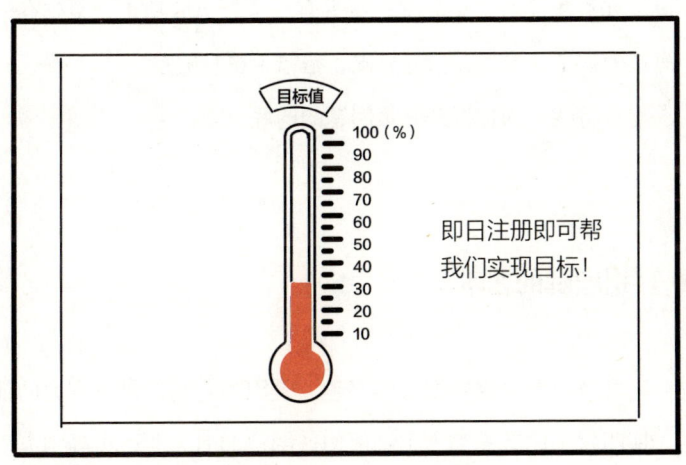

请仔细研究三张海报，并分析以下问题：首先，人们会注册吗？为什么？为什么你觉得这张海报会起到作用？有没有可能其他员工并不想注册？小提示：至少有一个海报成功了，至少有一个海报失败了。当然，信息有限，猜错了也没关系。

本章将逐一为你揭开海报问题的谜底。

### ◆ 互相理解的艺术

我之所以会对这些海报感兴趣，是因为它们提供了有力的证据，证明每个团队有能力了解他们试图接触的人，认识到别人看待世界的角度——特别是他们的角度与你有所不同时——这大概是重构中最基础的形式，也是人们面临的诸多挑战的核心，无论是在职场、家庭还是在世界上遇到的各种问题。

但不得不承认的是，我们并不擅长。这就像电影《黑客帝国》(The Matrix)，在自己的脑海里运行着别人的模拟人生一样。只不过这种情境下的模拟往往非常粗糙且不准确，而当我们无法准确猜测朋友、客户和同事的真实想法时，各种各样的问题便纷至沓来。

好消息是，这种理解力并非一成不变的。研究表明，人们对他人的理解可以逐渐提升，并且往往能够带来更好的结果。那么，如何做到呢？

一种方法是走出家门，带着目的，增加与他人共处的时间：想更好地了解他人，增加与这个人的相处时间自然是个不错的主意（而且是有研究支持的）。

当然，仅仅是增加相处时间还不够。如果只是朝夕相处就够了的话，那老板、伴侣和家人必然对我们了如指掌。但是，各种各样的家庭冲突也告诉我们，哪怕与某人共度一生，仍然可能对他一无所知。

**策略：从他人的角度出发**

接下来向大家介绍"观点采择"(perspective taking)。如果说与他人相处是通过投入时间和精力,用实际动作去了解别人的行为,那么观点采择就是在认知层面进行的相同动作,即投入时间和精力仔细思考,以及从他人的角度出发,去看待某个特定问题或某种情况。

人们常将其称为"同理心"(empathy),但观点采择的含义要更丰富一些。在研究文献中,同理心通常被定义为你能感受别人的感受。相比之下,观点采择是一种更广泛、更复杂的认知现象,在这种现象中,目标是理解另一个人的处境和整个世界观,不仅是他的中间情绪。

我举个例子来解释这种差异。假设邻居正在建栅栏,不小心被锤子砸到了手指。同理心是当他手指被敲到时,你也能感受到他的疼痛。观点采择是要理解为什么他认为有必要修栅栏,而同情(sympathy)指的是你会感到怜悯或同情对方,但不一定感觉到他的痛苦。

观点采择远不仅是帮助人们增加与真实世界接触的有益补充工具(我会在下一章中详细解释),而且常常是一种先决条件。如果你已经足够了解别人,为什么还要浪费时间和他们交流?我们常常没时间或没机会与他人深入交流,这时观点采择更多的是一种前置条件(比如在十分钟的重构讨论中,如果没有人想到及时邀请相关人员进入房间的话,肯定是来不及深入了解的)。

以下是进行观点采择的三个关键步骤:

1. 确保你能做到。
2. 隐藏个人情绪。
3. 寻找合理解释。

## ◆ 1. 确保你能做到

谈及观点采择,人们最常犯的错误不是做不好,而是根本没有做。尼古拉斯·埃普利是观点采择领域的著名研究者,他曾在一篇与尤金·卡鲁索合著的论文当中说:"在使用观点采择方面的最大障碍,就是一上来直接使用观点采择。"

诸多研究显示,我们往往做不到设身处地地感知他人情绪。在某一个经典实验中,研究人员叶谢尔·克拉尔和艾拉特·E. 吉拉迪要求学生回答这个问题:"与其他同学相比,你有多幸福?"但是结果显示,实际上人们回答的并不是这个问题,而是直接选择了更简单的问题:"你有多幸福?"直接把前半部分砍掉了。站在别人的角度看问题就像打开电灯开关一样,是一种主动行为。

再回来看一下气压计海报。这里体现的沟通方式中,有没有什么让你印象深刻的地方?

我注意到两个错误。第一个错误比较微妙:图中气压表设定在30%左右,也就是说,大部分同事都还没有注册。根据心理学

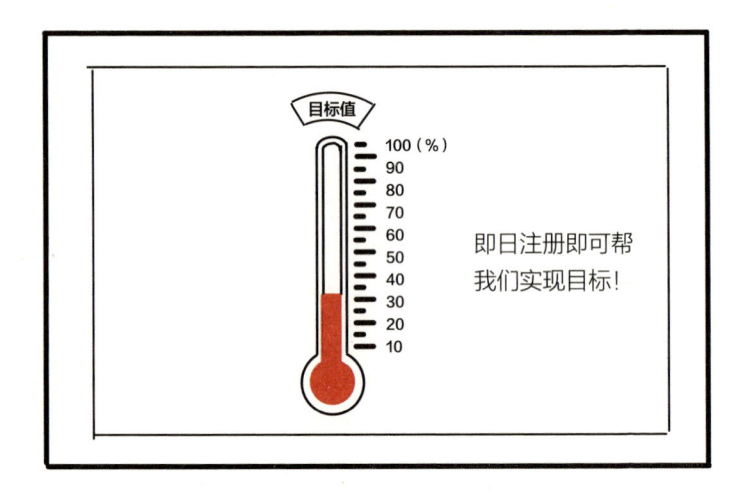

```
        ┌─────────────────────────────┐
        │         ╱目标值╲            │
        │        100(%)               │
        │         90                  │
        │         80                  │
        │         70                  │
        │         60    即日注册即可帮 │
        │         50    我们实现目标！ │
        │         40                  │
        │         30                  │
        │         20                  │
        │         10                  │
        └─────────────────────────────┘
```

家罗伯特·恰尔迪尼的描述，这种类型的负面社会现象可能导致注册率更低。

第二个错误更为明显：所有的信息都是以信息发送者为中心的。海报背后的团队是真心实意地想要帮助各位同事，但从制作的海报来看，其他人很可能会得出这样的结论：这个团队只关心自己。"帮忙达成我们的目标？"想象一下，如果公司在对外广告中直接说：我们想要你的钱。

在外界与信息发送方能够产生强烈共鸣的情况下，或是在纯公益的项目中，这种方法或许奏效，比如：帮助我们实现交通事故零死亡的目标。除此之外，我建议大家以信息接收方的需求为中心设计海报。

海报的设计者很有才华，并且团队致力于为公司服务，所以项目最终会取得成功。但是，在为项目进行宣传时，团队不假思索地将自己的需求放在了中心位置，丝毫没有考虑受众，最终的结果是，用户的接受速度比他们预期的慢了不少。

要避免这一陷阱，第一步，也是最重要的一步：使用观点采择。以下是操作方法：

· 在建立框架步骤中写下问题时，还记得要求大家一起写下利益相关方吗？对于已确定的利益相关方，包括后续在你跳出来看问题之后添加进去的各方，你需要认真去理解每个人的感受和需求。

· 如果没有使用重构画布，你需要保证过程中每个步骤都配备了观点采择触发机制。

### ◆ 2. 隐藏个人情绪

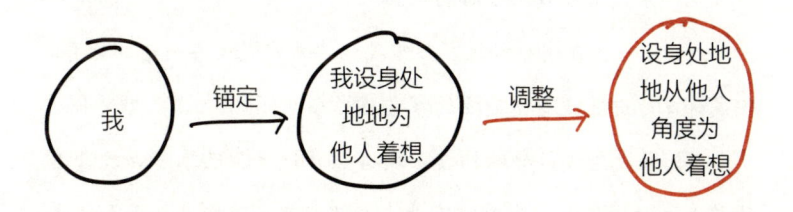

我 →（锚定）→ 我设身处地地为他人着想 →（调整）→ 设身处地地从他人角度为他人着想

为利益相关者着想只是第一步。著名的行为经济学家和关键的重构思想家丹尼尔·卡内曼和阿莫斯·特沃斯基曾说，有效的观点采择包括两个部分：锚定和调整。

　　锚定的过程是指站在别人的角度看问题，模拟对方所处的情境，然后问自己："如果我身处别人的情形中，我会有怎样的感受？"

　　锚定过程虽然有帮助，但也有个明显的缺陷：其他人的思考方式和你不同。想象一位高级领导正在准备演讲，他会想：如果我是一线员工，我会对公司重构有什么看法？可能有点犹豫，但总体来说还是会对未来的新机遇感到兴奋吧！因为在他职业生涯的早期，这位领导人正是因为公司重构才得到了人生中第一个重大机遇。他永远都想象不到下岗可能会带来的重大打击。

　　这时我们需要"调整"的帮助，在这一步，你需要把自己的喜好、经历和情绪都撇开，然后问自己"别人看待这件事的方式和我有何不同？"

- 如果身在竞争对手的处境，我觉得这应该是笔好买卖，但对方也许知道一些我不了解的信息。
- 如果我住在这个社区，最重要的事肯定是改善当地的教育，但或许本地选民还有更重要的事宜要考虑。
- 如果我是我最好的朋友，我当然喜欢飞往巴黎参加我自己的单身派对！但是，我知道有些人手头拮据，可能选择一个便宜点的地方更合适。
- 8岁的时候，我会和这辆酷酷的红色消防车玩上几个小时！

但也许今天的 8 岁孩子对于不能联网的玩具没啥兴趣。

很多人在锚定这一步或许做得相当好，但却没做好调整。研究表明，如果人们走神或时间紧张，或者根本没有意识到调整的必要性时，就会得出错误的结论。人们大概只会一概而论，而忘记群体中的个人有着千差万别。

**试运行海报**

根据我们之前的分析，再来考虑一下这张试运行海报，你能注意到什么？

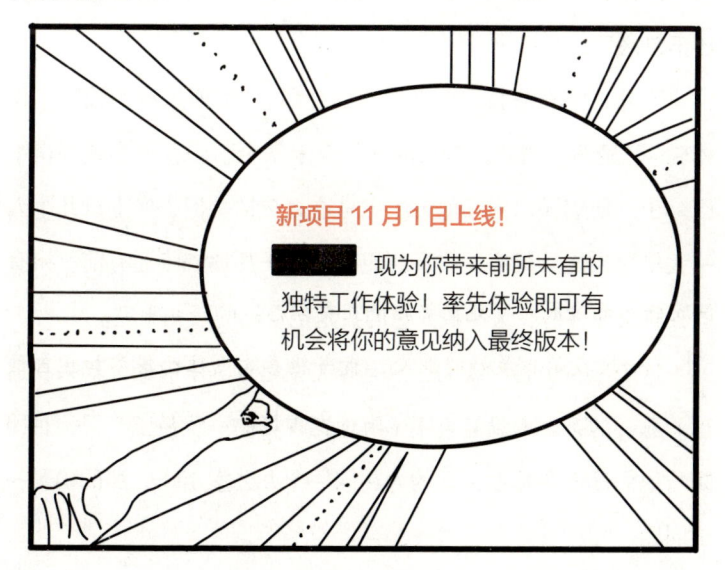

> 新项目 11 月 1 日上线！
>
> ■■■ 现为你带来前所未有的独特工作体验！率先体验即可有机会将你的意见纳入最终版本！

这张海报的效果并不好，事实上，整个项目也因为参与度过低而被最终叫停。虽然整个故事是一两句话说不清的，但关键的失败因素是：团队没有认识到自己和其他同事对这个项目的看法并不一样。

我们来看一下海报标语："率先体验。"显然，团队在前瞻性方面花了不少精力，他们问道："如果我是这里的员工，我会在什么样的激励下去注册呢？"这一步是锚定。但团队最终得出的是：人们都喜欢争做第一个！这个卖点不错！

这点可能只适用于这个团队成员（毕竟他们开展了一个新项目）。但根据创新传播方面的研究，只有2.5%的人喜欢做新事物的小白鼠，也就是说，25人中有24人希望等别人试过并且结果还不错之后，自己再去体验。

另外，注意海报上对新项目的介绍："前所未有的独特工作体验。"显然，团队对自己的项目及未来全新的工作方式兴奋不已。于是他们误以为其他员工也是这么热情。但事实上没几个人一大早醒来之后就想：我现在想要的是一杯热咖啡还有前所未有的独特工作体验！大多数人想的只是把自己的活儿干完。

这个项目也告诉我们，只有曝光率是远远不够的。如果在遥远的总部的某个人没有真正了解他在现场的一线员工，但项目团队与他们试图招募但失败的人在同一个办公室工作，那的确是一个问题。

要做到观点采择，你需要真诚、专注和深思熟虑。你可以将之比喻为情绪自流井，就像火箭需要能量来克服地球引力进入轨道一样，我们也要努力跃过个人的情感和看法，避免受其所困。以下是你可以参考的三种方法：

**不要看到第一个正确答案就罢手。** 在猜测他人想法或理解对方动机时，即使第一个答案看起来是正确的，也不要就此罢手。尼古拉斯·埃普利和同事在研究中发现："人们在调整这一步做得往往不够，部分原因是，一旦达到看似合理的结果，人们就会就此打住。"但如果在第一个正确答案之后继续探索，或许你会得到更好的答案。

**审视人们所处的环境，而不仅仅是情绪。** 想要理解别人的观点，不要只关注对方的情绪，也要设身处地地去考虑他们所处的环境，哪些信息是已知的，哪些是未知的。多关注对方生活中其他非情感方面的问题。

**明确要求人们隐藏个人观点。** 在一项对480名经验丰富的市场营销经理的研究中，研究人员约翰尼斯·哈图拉发现，在提醒研究对象远离个人观点之后，他们就能做到更好地预测消费者的需求。你可以这样说："记住，别人的感受和你不一样，试着压抑自己的观点，只专注他人的看法。"

### PfizerWorks 项目

还有一种进行观点采择的方法，在介绍之前，我先将前两个项目与第三个项目进行对比。各位读者或许已经猜到，第三个海报是成功的，正是来自辉瑞公司。其实在第六章里，乔丹·科恩和赛斯·阿佩尔寻找掌握西方沟通规范的分析师的故事中，我们已经对此有所涉及（"PfizerWorks"就是让本公司员工将枯燥的工作外包给远程分析师）。

（唉，如何才能快速搞定这些关键数据呢？）

（没开玩笑吧？这些文件要在 18 个小时之内完成？）

从某些角度来看，PfizerWorks 项目胜算并不大：项目团队位于公司总部，现场员工距离目标非常远。但最终，项目还是取得成功了，不仅赢得了公司里上万名的用户，并在创建几年后被评为该公司最有帮助的头号服务。

那么，这个项目有何过人之处呢？以下就是这个团队正确使用观点采择的四个要素：

**代理曝光。**项目创始人乔丹·科恩认识到，作为总部人员，他不能完全了解现场员工的情况，因此，他聘请了塔妮娅·卡尔·沃尔德隆，这是一位有影响力的领导人，在辉瑞一线有着20年的工作经验。塔妮娅帮助团队实现了针对用户方向的观点采择（想象一下，如果拥有"前所未有的独特工作体验"的团队做到了这一点，会带来什么不同）。

**锚定在用户"感知问题"上。**人们不关心解决方案，只关心自己的问题有没有解决。所以，团队的海报并没有着重说明新项目的特点，而是描述了员工在工作中遇到的问题（并且PfizerWorks能帮你解决）：我有18个小时来准备文件。这是吸引人们注意力的最好的方法。

**利用社会证明。**团队明白，大部分人都希望等其他人使用过之后再尝试。乔丹告诉我们：

"在新办公室推出PfizerWorks时，我们一开始没有贴海报，而是先找了一两个人试用。如果他们喜欢，我们会问：'我们可不可以把你们的名字放在海报上？'之后再设计海报，然后贴满办公区。这样，当人们经过时，他们看到的是自己身边的人正在使用这项服务。为了增强真实互动感，我们还请他们在海报上签了字。这是鼓励其他人去尝试的关键。"

**为不同用户准备不同的问题框架。**面向一线员工的信息直截了当：采纳我们的方案，你将再也不必在周末还要准备报告了。但乔丹也需要向总部更高层级的同事去推销，所以，他必须考虑领导们的情况：

"我最初打算从节约成本的角度推广，毕竟，我们有能力为公司节省数百万美元。但在像辉瑞这样的收入高达数十亿美元的公司里，总部领导应该不会对这点毛毛雨感兴趣，他们真正关心的是生产力，所以能够引起他们共鸣的信息是：公司最有才华和高薪的人却在低价值的工作上浪费了太多的时间。如果我们能帮他们减负，生产力肯定会大幅提升。"

◆ **3. 寻找合理的解释**

在我的家乡哥本哈根，街道两旁每隔一段距离就会安装停车计时器。你在停完车后需要费很大力气走到最近的计价器前交费，拿到一张字条，然后将字条带回来贴在车窗上，就像驱除吸血鬼的大蒜一样，避免被贴停车罚单。在我住的哥德斯加德街道两边，计价器面对面站着：

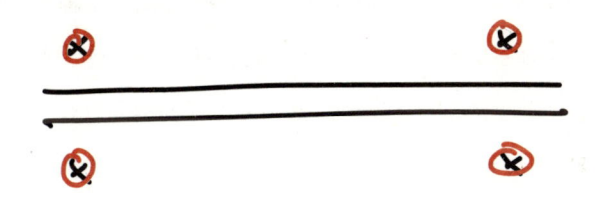

起初，我对这个设计很不满，唯一可用的免费停车位距离每个计价器都一样远，我不得不来来回回地长途跋涉。典型的无知的城市规划师！难道他们不知道错开仪表的位置效率更高，人们就不必走那么远了吗？

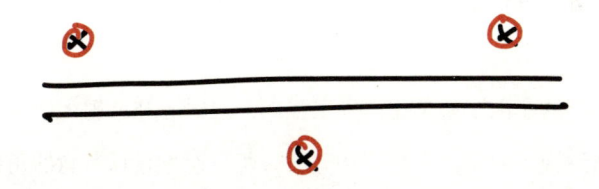

我刚刚的想法就犯了基础心理归因错误。当遇到麻烦时，我们的第一反应往往是：负责人真差劲，毫不关心用户体验，真是个蠢货。特别是我们不认识这些人，只能对着系统抱怨时，更是如此。

事实要复杂得多。是的，有时人们设计系统时并未真正关注最终用户的需求；是的，有时候这些负责人脑子的确不够灵光；是的，有时系统的设计并不能完全符合你的根本利益，特别是涉及商业利益时。然而，通常情况下，这些行为的背后都有合理的解释：如果你身居他们的位置，或许也会做出同样的选择。

以停车计价器的位置为例。这种面对面的排列方式或许是技术层面的最佳选择，或许和成本控制相关，或许是为了减轻收取停车费工作人员的工作。但其实还有一个更好的解释，也是我最关注的：这样能够防止人们过马路（高速公路上的紧急电话亭也是这样面对面设计的。这样一来，抛锚的机车驾车员就不用冒着被碾压的风险横穿高速公路了）。

**善意所带来的好处**

分享这个故事就是想向大家强调：当锚定和调整无法为我们提供新鲜视角时，还有另一种方法：假设对方是从善意的角度出发的（至少对方不是恶意打扰的）。

你可以问以下问题：

- 是否有非恶意解释？
- 如果是我，我会怎么做？

・如果对方不是愚蠢、粗心或心怀恶意呢？如果他们是想做好事的好人呢？

・他们的做法是不是符合我的利益呢？

・如果不是，是不是因为我没有向对方表达我的立场呢？

如果能够从非恶意角度解释，比如问题是由第三方造成的或其中存在误解，显然过度惩罚性的方法是不对的，并且研究表明，这可能引发一连串负面行为。

另一种解释是：人们的行为对自身是有意义的，即使有时候会引发问题。但如果未造成不道德的后果，我们就不能指责对方争取自身利益的行为，所以这类问题应该被重构为系统问题，而非人的问题。

找到其背后的合理解释并不意味着你应该去"原谅"对方，或者用这个解释作为借口，任由问题持续下去。即使找到了合理解释，问题可能仍然存在，善意的人可能仍然意识不到自己的行为所带来的实际影响。

但通过寻找合理解释，真诚地理解他人的观点，能够让我们更积极地解决问题。有时候我们不得不要求对方改变，但如果能够先承认他们的善意，再谈及对方行为所带来的影响，这样的对话就好进行多了。（我知道你送给我女儿一件礼物是好意，但是……）

"这视频必须得火"

广告公司 Genius Steals 的联合创始人罗西·雅各布的经历就是寻找合理解释的例子。

在职业生涯的早期，罗西领导全球广告公司萨奇（Saatchi & Saatchi）的社交媒体业务，一位内部客户向她寻求帮助：这位客户想在 Facebook 上与粉丝互动，让罗西做一个宣传活动。罗西说：

"很明显，客户并不真正理解社交媒体是如何运作的。比方说，客户特别痴迷于让 YouTube 视频'走红'，外行人大概都会这么想。但从经验来看，我们知道实际的用户参与度（不仅仅是被动观看）才是一个更好的衡量标准，因此我们设计了一个基于这个点的活动。"

然而，这位客户一直要求视频走红，所以罗西不得不花时间告诉她社交媒体中的细微差别：

"我们收集了大量的案例研究，并与客户进行了电话会议，仔细地解释了为什么我们的方法是正确的。她都明白，也说了我们是对的，但在结束通话时，她说：'这个 YouTube 视频会火遍全网，对吗？'太崩溃了，我们拼尽全力地为客户服务，她却还在要求我们做一些毫无意义的事。"

一番思考之后，罗西不禁疑惑：除了对社交媒体一无所知，客户看起来也不蠢。"是不是有些我不知道的信息？"于是罗西邀请客户出去喝一杯，两杯马提尼酒之后，得知了真相：视频在YouTube上获得100万点击量之后，客户才能拿到奖金。

了解了她的情况，我们就改变了策略。我们为视频买一百万的点击量，很便宜，这样她就能拿到奖金，然后再把剩下的预算用在我们认为真正重要的事情上。客户同意了，项目正常启动。虽然这不是理想的解决方案，但鉴于目前的情况，这是我们能做得最好的了，毕竟推广活动还是更依赖结果。

与其他策略相比，观点采择的基础是：要为他人着想，不要把你的观点误认为是他们的观点。还有，再想想他们是不是竭尽全力的心怀善意的人。平静下来，我常对自己说：大家都是聪明人，这些事还需要我说吗？

但是，我最近去拜访一家大公司时，到处都是有才华的聪明人，但公司贴的四张海报里，只有一张称得上合格。所以，在这个衡量标准未得到改善之前，这些事我还是不厌其烦地说下去。下次你去办公室，如果看到一张"精妙绝伦"（糟糕无比）的海报时，记得发给我，我要开始收集烂海报了。

## 本章总结
## 从他人的角度出发

从他人的角度出发指的是刻意投入时间和精力去理解他人，尽量避免对其行为做出错误的判断。如果人们能够养成从每个利益相关方的角度看问题的习惯，就能更好地摆脱个人观点的局限。

要做到这一点，你可以试试：

### 1. 确保你能做到

要做到理解他人，不曲解不误会，需要投入极大的精力。你可以使用利益相关者地图避免此陷阱：

· 列举出与问题有关的各方单位或个人。记住别遗漏了隐藏的利益相关方，这一点在跳出框架看问题一章中已经解释过。

· 对于各个利益相关方，我们需要考虑他的需求、情绪和立场。他遇到了什么问题？目标是什么？立场是什么？目前处于什么情境中？他掌握了什么信息？

## 2. 隐藏个人情绪

在列举利益相关者的需求时，请努力跳出自己的个人情绪。如果你们是团队作业，记得也提醒自己的队员，每个人的感知会有很大差异。根据约翰尼斯·哈图拉的研究：

- "研究表明，人们在试图理解对方时，往往过于注重自己的看法。请尽量忽略自己的见解，多关注对方的理解和感受。"

招募塔妮娅·卡尔·沃尔德隆加入辉瑞公司团队之后，乔丹·科恩获得了了解辉瑞公司一线员工的想法的渠道，这对他是非常宝贵的资源，能够帮助其团队针对正确的问题提供有用的服务。如果没有与他人分享你遇到的问题，又如何找到像塔妮娅这样的人呢？

## 3. 寻找合理解释

在电梯速度慢的问题上，大多数人只看到了租客的懒惰或缺乏耐心。很少有人会看到他们抱怨的理由：是否着急赶重要会议呢？

同样，你要记住的是，大多数人都认为自己是理性的好人。为了避免自己被负面的刻板印象和愤世嫉俗的思想困住，请对你看到的行为考虑其背后的合理解释：

・这背后是否有非恶意解释呢？

・其他人是否有正当理由（不愚蠢且无恶意的理由）来解释自己的行为呢？

・他们的做法是否符合我的利益，或者至少他们认为是符合我的利益的？

・这是不是系统问题或激励问题，并非人为问题呢？

# 第九章　继续推进

### ◆ 关闭圆环

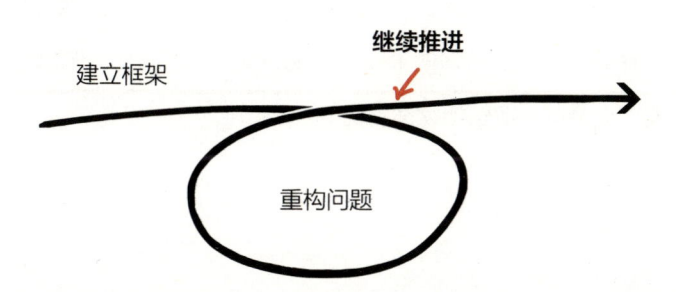

```
建立框架 ─────────── 继续推进 ─────────→
          ╱        ↓
         ╱  重构问题  ╲
         ╲           ╱
          ╲_____╱
```

凯文·罗德里格斯有一个梦想：他想在纽约开一家冰激凌店，来卖他自己非常喜欢吃的美味意大利冰激凌。

巧的是，凯文是阿什利·阿尔伯特的好朋友，阿什利是我们之前介绍过的皇家棕榈沙狐球俱乐部的老板。自然，凯文想请阿什利帮自己实现梦想。

但阿什利在不到八小时的时间里就将这个梦想击碎了。

她邀请凯文一起在城市里走了走，一家家地走访意大利冰激凌商店，和店主聊天。她告诉我：

"整整一天，无论我们去哪里，都能在附近找到冰激凌店。在与店主交谈时也了解到，这不是个挣钱的买卖，大多数老板都是靠顺便卖咖啡才能维持生计。从这些走访中我们至少弄清楚了一件事：这个问题解决不了。"

乍一看，把别人的梦想粉碎好像做了件坏事。但想想凯文的另一种可能：他如愿开了冰激凌店，把他几年的积蓄和生命浪费在一件永远不会有起色的事业上，似乎也不全是坏事。阿什利的初衷很简单：去看看真实的冰激凌店老板情况如何，让凯文把精力转移到一个更有前途的事业上（他也确实这样做了，后面怎样了呢？好奇的读者请继续阅读）。

### 测试你的问题

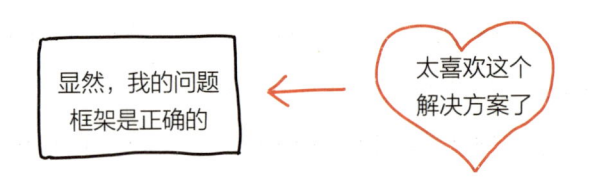

显然，我的问题框架是正确的

太喜欢这个解决方案了

大多数人都知道在承诺解决方案之前应该先测试它，不清楚的是，在你测试解决方案之前，应该确保测试的是你的问题。就像医生在手术前首先对诊断结果进行测试一样，出色的问题解决者也会在切换到解决模式之前，先确认自己建立的是正确的问题框架。

这是一个关键点，因为测试解决方案的过程本身也非常消耗时间。在你兴冲冲地构思解决方案时，很容易就会开始想：我的冰激凌店应该叫什么名字呢？利用焦点小组的方式会有帮助吗？我应该卖什么样的冰激凌呢？室内装潢怎么办？要不要先找个室内设计师做个模型看看？和技术解决方案比起来，显然这类问题的诱惑力更大：我梦寐以求的这个小玩意儿真的能造出来吗？还是先去工程实验室待上八年试试看吧。

更严重的问题是，测试解决方案的过程会给人一种动力，但这种动力却与问题能否有效解决无关。梦想中的冰激凌店一旦有了完美的名字，人们就很难再回头质疑开冰激凌店本身到底是不是个好主意了。

重构的最后一步正是为了避免这个问题，这个过程是通过实际测试来验证问题框架。这样做将会暂时关闭重构圆环，让人们重新回到解决方案模式。与行动计划类似，但重点是确保努力的方向没有错。

下面，我将与大家分享四种具体的问题验证方法：

1. 向利益相关者描述问题。
2. 让外人来帮忙。

3. 设计一项有挑战的测试。

4. 考虑"可用性原型测试"（pretotyping）的解决方案。

## ◆ 1. 向利益相关者描述问题

联邦调查局人质谈判代表克里斯·沃斯在与武装人质劫持者打交道时，信奉一种简单但强大的技术：贴标签。据沃斯描述：

如果 3 名逃犯被困在哈莱姆区一栋大楼 27 层的隔间里，不用说也知道他们最担心的两件事是：被杀和坐牢。

对话一开始，沃斯并不会试着说服对方："你逃不掉的，放下武器出来吧，你没有别的选择！"他首先会用非常具体的表述给逃犯的恐惧贴上标签：

"看起来你不想出来，是在担心如果开门，我们会端着枪进来，对吧。看来你们都不想再回监狱了。"

沃斯指出，这些非常具体的问题能带来一种强大的力量。就像 PfizerWorks 海报上的那句话：这些文件要在 18 小时内完成？

对方理解了你的问题，彼此间的信任就会建立，后续合作也能更好地展开。沃斯的方法曾被运用于无数次劫持人质事件中（他也说到，但如果你对问题的理解是错的，你也可以说"事实只是看上去如此，但我说的不一定对"）。

## 问题会议

这种方法不仅在谈判中适用，如果需要验证问题框架，你可以试试这种最具成本效益的方法：将问题描述给所有相关方。

例如，在初创界，斯坦福大学教授史蒂夫·布兰克倡导使用"问题会议"，也就是在会上，你作为企业家需要与潜在客户进行沟通，向对方描述你遇到的问题。重点不是说服他们相信你的问题框架，而是测试它能否引起共鸣。正如布兰克所说："你的目标是让顾客说话，不是你来滔滔不绝。"

## "启动思科"

也有适合企业内部测试的方法，当时思科员工奥萨·拉米·雷兹·阿萨德、埃德加多·塞巴洛斯和安德鲁·法瑞卡就创建了一项名为"启动思科"的内部服务机制，用于快速测试想法。

"思科的员工经常会想出令人惊叹的想法和技术创新，"奥萨说,"但我们有时候不知道如何快速测试想法,看看是否与客户需求相匹配。因此,我们召开了专为此设计的研讨会。"

快速验证的需求是由外部顾问史蒂夫·利古里提出的,他主要借鉴了之前与通用电气的合作经验:

"公司里有一种很强的文化规范:在产品还没达到完美无瑕之前,是永远不会展示给顾客的。但工程师会说:'我们可以做这个新产品。'验证过程通常会由高管负责,他们会问:'大家对这个产品有什么看法?'然后跟顾客说:'你肯定会喜欢的!'之后三年过去了,传说中的新产品连影子都没看到。之后产品终于问世,看起来一切都很完美,之后客户又会说:'为什么不这么做呢?'之后如果产品销售不好,人们又说:'都怪市场部和销售部那群蠢蛋!卖货都卖不好。'"

一开始,启动思科的研讨会上也出现过类似的事,正如奥萨所说:

"人们找到我们时,一般来说都对想要构建的技术产品有明确的想法,并且为了将之合理化,还会对客户的需求进行逆向工程。在尝试了几次之后,显然在问题解决之前,我们需要推迟构建解决方案的进度。"

为此,奥萨和团队都非常看重尽可能早地与客户建立联系法,对此,奥萨表示:

"我们跟客户说:'这是我们正在调研的方向,您觉得对您来说这是个问题吗？方便向我们透露这方面更多的信息吗？'关键是把重点放在问题上，而不是解决方案上，因为客户最关心的永远是问题，这才是我们需要洞察的核心点。我们解决的是他们的问题吗？"

在某个案例中，一位名叫胡安·卡齐拉的思科资深员工提出了关于炼油厂和天然气开采地点的前瞻性建议，但这个项目却在思科的内部流程中停滞了大约一年，后来卡齐拉加入了启动思科，希望能够推动项目发展：

"团队让我忽略常规流程，直接去找客户交流。所以在研讨会的第二天，我们就起草了一封电子邮件，然后发送给埃克森美孚、雪佛龙和壳牌等公司的15名高级管理人员。"

当天下午卡齐拉就与其中三名客户通过电话进行了一次非正式的讨论，询问对方："不知道贵公司炼油厂是否有这个问题呢？解决问题需要花费多少钱呢？"

结果这三位客户所在的公司都遇到了这种问题，也都希望能尽快解决。在掌握了这些信息之后，卡齐拉随后联系了思科的服务主管，请求资源协助来推进项目。两个小时后，他得到公司项目推进的许可。在我写这本书的时候，项目已获得资金，并正在与思科拉丁美洲最大的客户之一进行测试。

## ◆ 2. 让外人来帮忙

在对问题进行验证时，局外人是个很好的资源，他们不会像当局者一样，对首选问题（解决方案）有任何的情感倾向，特别是等待处理的是对象而不是产品或服务时，效果更佳。当然，用在有形对象上也很有帮助。

比方说，乔治娜·德·罗奎尼是总部位于香港的品牌推广机构 Untapped 的创始人，也是在重构方面经验丰富的人。

乔治娜的一个客户是当地一家管理咨询公司，尽管已经创立几年了，但公司还没有找准自己的品牌定位。随着公司不断发展，市场上其他有着明确定位的竞争对手也越来越多，于是合伙人找到乔治娜说："我们需要帮助，我们要将自己打造成一家战略公司。"

客户对问题的描述不难理解。在管理咨询领域，战略咨询和更具实操性的"执行"公司之间存在着隐形的鄙视链。战略咨询通常被认为是更高层次的，而且往往报酬也更高。所以很多咨询公司都希望自己的重点在于战略咨询。

但乔治娜深知先对问题进行验证的必要性。因此，她说服客户将品牌推广的日程放一放，她要先对客户、员工和合作伙伴进行走访。她告诉我：

"在我看来，关键是在过程中引入不同的声音，确保他们要解决的问题是正确的。但事实证明并非如此。客户似乎不愿承认自己其实是实操性更高的执行公司：我们不喜欢被别人看成一家汽车修理厂。但通过走访我了解到，客户看中的其实正是这一点。客户和合作伙伴都会说：我之所以会用这家公司，不是因为他们懂战略，而是因为务实能干，我非常喜欢和这家公司合作，他们不怕苦不怕累，特别能干。"

后来，乔治娜拿着调查结果对咨询公司说，不建议将公司的定位局限于战略合作商，并且要更好地利用执行力强这一优势。最终结果是公司围绕自身的架桥战略（bridging strategy）和广受认可的执行力强进行了重新定位，推动了公司的持续增长。

复盘了整个过程后，乔治娜说："我没想到情感在自我定位和公司品牌定位的过程中竟然扮演着如此重要的角色。许多客户并不会以自己的强势为傲，反而觉得要成为别人那样才能成功。但很多时候在与客户交谈的时候我发现，令他们羞愧的事情，反而正是力量的源泉。"

乔治娜的故事告诉我们，验证问题准确性的流程并不是二元公投，不是非黑即白的过程："是的，问题框架正确"或"不是，问题框架站不住脚"。很多时候问题框架总体没问题，但在细节的验证过程中，细微的差别或许会带来更好的解决方案。在这个案例中，咨询公司大方向没有错，它确实需要更具战略意义的品牌。乔治娜在分析中也没有完全否定这个想法，并且帮公司认识到，品牌推广与发扬公司在执行力方面的优势并不矛盾，并且公司的新定位也是一种区别化策略，能够在其他纯战略品牌的公司中脱颖而出。

### ◆ 3. 设计一项有挑战的测试

在验证问题时，不仅要关注问题的真实性，还要关注这个问题是否足够重要，是否值得利益相关方的关注。因此，这里的关键是，我们要设计一个测试，从利益相关方那里得到答案。以下是两个真正将之付诸实践了的企业家的故事。

Q 博士是如何验证问题的？

萨曼·拉赫马尼亚买下自己的第一套公寓后，就加入了大楼的业主委员会，他很快就明白经营一栋住宅楼有多麻烦：

"我当时对清洁服务公司尤其不满，这家公司评分真的很高，但服务特别差。业主根本就看不出来他们到底有没有在做清洁。我妻子问：'他们今天打扫楼梯了吗？'我不知道。除了给办公室打电话，或者在清洁工人的工作区域留便条，我们也找不到他们的联系方式。"

由此萨曼有了一个想法：可以为住宅建筑创建一站式服务，帮助实现清洁和其他服务的专业化，这样，像他这样的业主就能更好地管理住宅大楼的日常事务。

在一次合适的机遇下，萨曼开始与同事们探讨这个想法。其中一位同事是前社区组织者丹·特兰，他最终成了萨曼的联合创始人。

两人都是创业实践领域的高手，在着手实际搭建服务平台之前，他们先对问题进行了验证，确保这个问题也是客户们关注的重点。因此，两人做了一份宣传材料，就好像这个一站式服务已经存在了一样，他们在用力地宣传。

萨曼说："我们和其他20位公寓业主委员会代表碰了面，花了一周的时间走访宣传，他们的反应非常积极，很多人对此非常感兴趣，都说这是个好主意。"

如果丹和萨曼就此打住，他们很可能误以为自己找到了正确的方向，准备着手开工了。但经验告诉他们：事情不可能这么顺利，这个测试设置太简单了：客户很可能嘴上一套，行动上又是另一套。所以，在推销的最后，设置了预付款的环节：很高兴您喜欢我们的服务！几个月后我们将有一些空位，您可以现在绑定信用卡并支付预付款，锁定您未来的席位。

萨曼解释道："在绑定信用卡这一步之前，别人说什么你都不要信，不管对方多么信誓旦旦。在需要填写信用卡信息的时候,你才会知道谁真正有意向。"

他们的谨慎态度是对的。只有 1/20 的业主委员愿意预订服务。虽然物业的清洁确实做得很差,但对于广大业主来说,这个问题也不足以紧急或重大到这种程度。

但是,故事到这里还没结束。测试期间,他们遇到了一家大型商业房地产经纪人,他对两人的想法很感兴趣:"这个创意在写字楼里肯定受欢迎。"

萨曼说:"我们隐隐觉得写字楼可能是个出路,于是决定稍微调整一下推销策略,试一试。所以大概在令人失望的业主会议两周后,我们组织了有 25 位写字楼管理者参与的推广活动,结果有 18 个人在第一次会议后就用信用卡签约了。那一刻,我们知道自己找对了要解决的问题。"

这个项目最终命名为"Q 博士",引用自詹姆斯·邦德电影中得心应手的军需官的名字,项目预计吸引超 1 亿美元的资金,为美国各地的办公室提供服务,并且以创新和人性化的服务广受好评。与其他初创公司不同,他们没有采用饱受诟病的承包商模式,而是决定聘用全职清洁工,给予 5% 的公司股份,并为他们制订了清晰的职业规划。因此,这可能是历史上首次让清洁工不再是一个没有前途的工作。

四年过去了,公司首席执行官丹代表公司接受了美国政府颁发的奖项,表彰其领先的劳工事件(萨曼正在着手打造他的下一家医疗保健领域的初创公司）。据报道，在本书付印前不久，Q博士以超过 2 亿美元的价格被收购。

## ◆ 4. 考虑"可用性原型测试"的解决方案

有时候，我们可以同时对问题和解决方案进行验证，而非仅仅验证问题，其中用到的关键技术在于"可用性原型测试"，它由谷歌员工阿尔贝托·斯沃亚（Alberto Svoia）发明。与原型设计不同的是，在这种方法中，你根本不需要实际构建解决方案，只需要专注于将产品模拟出来，然后看客户是否会来买。

这里有一个例子。还记得 BarkBox 的亨里克·维尔德林和"发货后 90 天付款"的故事吗？有一次在团队吃晚餐的时候，BarkBox 的员工开始彼此推销新的商业想法，以此为乐。

一位合伙人看到桌上一瓶打开的酒之后说："我打赌，咱们肯定能设计出一款以狗狗为主题的酒瓶塞。"

亨里克说："于是人们都争先恐后地开始为这个项目群策群力：有人拿出笔记本电脑，画了一个看起来很有趣的酒塞 3D 模型，非常逼真；还有人说'嘿，我正好要建一个网站，不如把这个产品放到我的网站上来卖'；第三个人已经为产品设计好了广告，并且已经在社交媒体上展开了几个推广活动。但到那时为止,大家并不打算把这些想法落实。"

在餐后甜点时间,团队已经将第一个酒塞卖给一位在 Facebook 上看广告的顾客了。亨里克注意到,从创意诞生到第一个产品售出总耗时 73 分钟。

整个团队一方面对自己商业实力万分满意,另一方面开始担心新创建的怪兽(Monster)网站真的做起来之后,大家又要忙着弄狗狗和酒的品牌图表衍生图,于是忙不迭关闭了网站,并向第一位顾客退了钱。

但验证问题这一环节并非必需的,如果你可以像这样快速简单地测试想法是否可行,就不要过于担心问题的诊断,动手去做就可以了。

计划落地之后,重构的过程就告一段落。但最后还有一步:为下一次的重构做准备。接下来,我们要看看另外一个领域,其中定期签到是一个生死攸关的问题。

### ◆ 重新审视问题的重要性

每次斯科特·麦奎尔到达事故现场,发现有人受伤时,总会遵循名为 ABC 的简单程序:

气道（Airway）：伤者气道畅通吗？

呼吸（Breath）：伤者呼吸正常吗？

血液循环（Circulation）：伤者脉搏平稳吗？

这项程序是斯科特确保在开始处理伤口之前，伤者暂时不会有生命危险。如果现场只有斯科特一个人，他还会在救治之前做一件小事：在腿上贴一条胶带，写下 ABC 检查开始的时间。"如果病人情况危急，我可能每三到五分钟检查一次生命体征。如果情况比较稳定，我就每十分钟检查一次。如果当时事情比较多，这个提示可以提醒我及时检查。"

从 13 岁起，斯科特曾当过消防员、急救医务人员、野外导游、登山向导等多种职业的救援志愿者。在这些经历中，他学会了定期重新评估问题：

"整个流程看起来像是走回头路，但往往能带来更多新信息。有时这些信息只有在重新审视的视角下才能看清楚，很多时候，情况会不断变化。比如有人肋骨骨折，第一次检查时，他们可能感觉不到任何疼痛，因为这时肾上腺素起到了止痛的作用。10 分钟后再次检查时，问题就出现了。"

问题架构的过程就类似于 ABC 检查，问题评估一次还不够，必须定期评估。

因为问题会随着时间的推移而变化，所以这一步非常重要。

即使你的问题诊断一开始是正确的，但如果整个过程中都按照固定的问题诊断推进就会危险，就像斯科特如果只做一次 ABC 检查，然后在整个治疗过程中都误以为一切正常。设计学者基斯·多斯特曾说：

在传统的问题解决方法中，"定义问题"总是第一步……但是，问题定义了之后，问题出现的情境也被冻结了，这是一个严重错误，特别是在后续施行新的解决方案时更是会带来严重影响。

在时间有限的情况下，不必急着在一开始就完成全部诊断，你可以先快速进行一轮重构，继续推进，然后再回来进行问题诊断，这时你反而可以掌握更多信息。

## ◆ 重新审视问题的四种方法

你可以利用以下四种方法确保时不时重新审视问题：

· **每次审视结束之后安排下次日程。**在上一次重构结束时，请立即将下次安排到日程当中。当然，间隔时间取决于项目的"时钟速度"。但一般来说，预定时间越激进越好。

· **将重构任务分配给团队成员。**在执行灭火任务时，斯科特团队中的一名成员就会被指派为事故指挥官。他的任务就是驻守后方，监视火势进展。你可以利用类似的方式，安排团队成员关注问题进展，安排后续工作。

·**在团队中培养习惯**。例行问题审视的习惯很有帮助，救灾时，斯科特和同行的紧急救援队友有个喜好：每4个小时召开一次全体员工会议。会议不长，最短时只有15分钟。同样，团队还有一个类似的每日"站起来"的习惯，也就是每个成员都要分享自己正在处理的问题。你能否也试着把这种习惯纳入日常工作规划中呢？比如就以每周的员工会议为契机。

·**锻炼心态**。有了足够的实践，重构将成为人们的第二本能，心怀"双重视角"，也就是将解决方案和问题都牢记在心，平等对待。在环境快速变化的时候，即使没有了结构性提示，这种心态也能自动触发对问题的审查。

## 本章总结
继续推进

回顾问题陈述，针对每一个问题，都要想好如何继续推进。

**如何测试你的问题？**

问题解决新手证实自己的理论：我的解决方案不是很棒吗？看看我的解决方案能不能成功！问题解决老手不会急着验证自己信任的框架，他们反而会想方设法地证明它是错的。就像阿什利在听到凯文提出开冰激凌店的想法时所做的：有没有一种方法能够让他迅速接触现实世界，来确认目标问题是否正确呢？

验证问题框架，你可以使用到本章介绍的四种策略之一：

· 向利益相关者描述问题。

比如思科团队就是向相关各方描述自己遇到的问题，但不必分享你分析问题的框架。史蒂夫·布兰克曾说过，我们的目的就是确定你的框架是否引起他人共鸣，并从中获取更多的信息。

· 让外人来帮忙。

在怀疑自己已经深陷某些想法，或者质疑人们无法给你诚实的反馈时，是否可以考虑请局外人来帮忙呢？在乔治娜的故事中，咨询公司就是请她来帮忙验证自己关于品牌塑造的思路。

· 设计一项有挑战的测试。

"Q 博士"的案例是利用信用卡注册来测试人们是否对你所提出的问题有强烈感受。你是否也可以为你的问题（或解决方案）设置类似的测试呢？

· 考虑"可用性原型测试"的解决方案。

如果对解决方案进行测试既简单又无风险，那不妨试一试。你可以模仿 BarkBox 团队对酒塞想法的实践，参考阿尔贝托·斯沃亚提出的测试法来测试自己的方案。

但这些都并非验证问题的唯一方法。你可以从其他初创企业的经历中获取灵感，或者找有初创经验的人聊天，就像凯文找阿什利寻求帮助一样。

最后，在关闭重构圆环进入实操之前，确保你的日历上已经为下一次重构确认预留了时间。

# 第三部分

# 克服阻力

# 第十章　三大战术挑战

◆ **复杂情况及如何解决**

现在，大家已经掌握了重构问题所需的基本技能，但如果想要完全掌握，还要从日常处理客户、同事和朋友的问题的实践中汲取经验。

我还有一些技巧希望与各位分享。在处理现实世界问题时，你会遇到很多复杂情况，重构的过程中也将困难重重，比如他人抵制重构的方法，或者你对问题发生的原因一无所知等。

这就是本章需要解决的内容，在这一章我将与各位分享如何克服重构阻力的一些建议，接下来是如何应对三个常见的战术挑战：

1. 当你手中有太多问题框架时，如何选择最需要关注的。
2. 当你毫无头绪时，如何找到问题的原因。
3. 当他人抵制外界干预时，如何克服竖井思维。

这部分内容作为一种可用的资源，但如果你急于实践，可以直接跳到最后一章的内容。

## ◆ 1. 选择最需要关注的框架

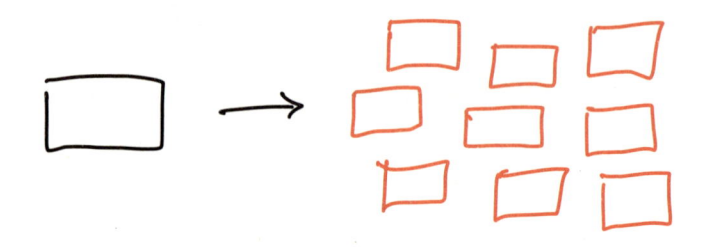

很多人在首次尝试重构时，都会或多或少有些挫败感：我本来只有一个问题，重构之后，这下好了，手头有十个问题了，真是"帮了大忙"了呢。

挫败感不一定是坏事，是整个过程中常见的一部分。重构之后，你看问题就不再从一个"简单"的角度出发，你可能会感到恼火，但可以抵消解决错误问题的后果。

但是，你还需要回到一个很实际的问题：如果提出的问题包含不同框架，又该如何取舍呢？

在面临生死存亡的关键问题时，往往需要对每个框架都进行有条不紊的分析，逐一放到现实环境中测试。但这往往不太现实，一没时间，二没资源，三也没耐心。现实情况是，大家必须选择关注一个或两个框架，至少在下一次流程重复之前需要这么做。具体如何操作呢？

我们会遇到各种各样的问题，放之四海皆准的万能公式是不存在的。但我还是从经验中找到三条有用的法则，在你审视问题框架时，可以特别关注：

- 让你特别惊讶的。
- 特别简单的。
- 重要且可以证实为真的。

**发现让你惊讶的框架**

在重构中，你（或你帮助的人）会对某个特定的框架感到惊讶：天啊！我没有往这个方向想过。在我的工作坊里，很多人把它描述为一种生理感觉，一种发现了看问题的新视角之后的放松感。

但其实并不是所有的框架都是可行的,但这也不意味着这不值得探索。人们之所以会感到讶异,正是说明了这种思维方式打破了固有的思维模式,也让新思路出现的可能性大大增加。

**寻找简单的框架**

人们常以为突破性的解决方案往往与复杂的新技术联系在一起。例如,智能手机上的定位功能依赖于量子力学、原子钟和绕地卫星来精确定位。他们因此也认为,最好的解决方案往往是那些深奥精妙问题的解决方法。

根据我的经验,这种情况并不多,好的解决方案(以及相应的问题框架)反而非常简单。还记得洛里处理收容犬问题的解决方案吗?就是尽量让狗狗留在原主人身边。最佳方案往往在回溯中体现了必然性。最后人们通常的反应是:哎!我怎么就没早想到这点呢?

在面对多种重构方案时,优先考虑最简单的。中世纪修士哲学家威廉·奥卡姆提出了"奥卡姆剃刀定律"(Occam's razor),这就是科学家们常说的,当面对一种现象的多种可能解释时,选择最直白明了的那个。

在解决工作相关的问题时,可以考虑以下两种思路,看看哪个更符合"奥卡姆剃刀定律":人们不购买我们的产品,因为……

| 我们目前只和四家广告公司合作，市场推广方面做得还不到位 | VS | 我们的产品不行 |

"简单至上"只是一条原则，并非铁律。确实，有些问题需要更复杂、多管齐下的方案才能解决。但正如史蒂夫·德·沙泽在谈到他的治疗经历时写的："无论情况多么糟糕、多么复杂，一个人行为上的一个小小改变可以给所有人都带来深刻而深远的影响。"

**寻找重要且可以证实为真的框架**

有时候，那些在你看来荒谬至极的思路也是有意义的。

从本质上讲，重构就是挑战你看问题的信念。有时候，一个让你出乎意料的观点就足以推翻你之前秉持已久的观点。但事实上，人们在一个强大的框架面前，第一反应（或者直觉）往往是消极的。因此在重构时，要小心直觉传递给你的信息。

听起来很奇怪对吧？毕竟很多私人咨询业务仰仗的信念就是：相信自己的直觉。人们往往会无条件地相信对某事的直接感受，并不会质疑这些感受从何而来。实际上，人的"直觉"只是你大脑对过去经验的潜意识总结。而创造力所需要的是跳出经验，并且至少打破一到两个惯有观念。直觉来自过去。综上，直觉并不一定是通向未来的正确指南。

也就是说，即使某个框架违背了你的直觉，不要直接放弃，可以先问问：如果是真的，那么这种框架方式是否会带来重大影响呢？哪怕在你看来可能性不大，但不等于这个方向不值得探索，当然，还要先确保框架验证简单可行。

**家庭津贴计划（Bolsa Familia）**。巴西政治家、前总统卢拉·达席尔瓦（Lula Da Silva）就是一个例子。卢拉因被判犯有腐败罪而一时声名狼藉。但在这之前，他曾因成功推出扶贫项目家庭津贴计划而引起国际广泛关注。

乔纳森·泰珀曼在《修复》(*The Fix*) 一书中介绍到，这一项目将扶贫政策从为贫困家庭提供服务，转变为向贫困家庭直接提供经济援助，让他们能够把钱花在自己需要的商品和服务上。

新措施除了执行更方便，成本也更低。据研究估计，新措施比之前的成本低30%。但直接给穷人金钱的想法却遭到了本地和国际专家的坚决反对，很多人认为，穷人一定会把钱花在恶习或者其他琐碎的事情上。但卢拉从小家境贫寒，深知这些观点都是错误的：穷人，特别是贫穷家庭的母亲，拿到钱之后都会精打细算。在家庭津贴计划及其他一系列方案的推进下，巴西的极端贫困率减少了一半，3600万人摆脱了极端贫困，这一计划也为其他国家解决收入不平等问题提供了闪光点。

我想不明白的是，卢拉之前的政策制定者，能否做到克服直觉并提出这种方案呢？如果能够测试这个思路，他们或许会有这样的心路历程："虽然我不相信穷人能够理智地处理金钱，但我也知道我的思路可能是错的。如果是这样的话，或许新思路能带来一些改变……"

**尝试探索多种框架**

不管选择哪种策略，注意，这个过程的重点不是确定最终的问题框架。我曾合作过的很多团队都是先选择了一个主要框架进行探索，然后同时让其他团队成员来探索第二种或者第三种可能。除非事发紧急，我建议大家可以同时进行多种平行尝试。很多时候即使失败，但尝试的过程在之后也能发挥作用，最不济的作用也是："这个思路我们也测试过，不管用。"

### ◆ 2. 确定问题的未知原因

假设你需要处理一个问题，但最初的分析（包括重构问题）并没有给你任何头绪。然后呢？

这时你可以采用第六章中介绍过的方法，即把你的问题传播出去，"找到闪光点"。接下来，我将与读者分析另外两种可以用于发现导致问题的未知原因的方法：以发现为导向的对话和学习实验。

**以发现为导向的对话**

有时候，与对的人进行一次简单明了的对话就足够了，前提是你在对话中没走神。

几年前，两位名叫马克·拉马丹和斯科特·诺顿的企业家创办了肯辛通（Sir Kensington's）调味品公司，旗下售卖番茄酱、芥末和蛋黄酱，比市场上现有的产品更美味、更健康，并且全天然。

两年过去了，产品卖得很好，需求也在增长。但不知为什么，番茄酱的销售却一直落后。味道没问题，顾客们都反映味道很好，但显然这种正向反馈并没有体现在销量上。

马克和斯科特觉得可能与瓶子的形状有关。公司刚成立的时候，为了打造高端品牌形象，所有的产品都使用了方形玻璃瓶。消费者买到的芥末酱是装在一个精美的玻璃瓶里的，从销量上看，这种设计显然对其他产品效果不错，却对番茄酱不起作用。

马克和斯科特就是否应该更改番茄酱的包装而起了争执。这不是件小事，改包装意味着整个供应链都要受影响，运营也会更复杂。如果问题不是出在番茄酱的玻璃瓶上，要想再改回来需要一年的时间。马克和斯科特希望在百分之百确定之后再做改变，他们必须弄清楚番茄酱销售到底哪一个环节出了错。

读者可以先停下来想一想，大公司可能会采取哪些措施呢？营销总监或许应该进行市场调研，召开几次焦点小组访谈，或许公司应该花上数十万美元进行一次深入的人种学研究，请专家们研究消费者在卖场和家中的行为。

以上方法或许奏效，很多大公司大概早就这样做并且取得了发展。但是，作为一家初创公司的管理者，马克和斯科特没有这样做，他们只是与身边的人进行交流，包括客户、投资者和消费者朋友。当一位投资者说"我试过你寄给我的样品，我非常喜欢。现在还把它放在冰箱里呢"时，马克和斯科特顿了一下。这位投资者几个月前就收到瓶子了,既然这么喜欢,为什么还把原来的瓶子放在冰箱里呢?为什么现在还没有用完呢?

答案正在于此,取决于人们储存番茄酱的小细节。马克发现,人们习惯将芥末酱和蛋黄酱放在冰箱的主架上,这样下次打开冰箱时,调味品一目了然。但是番茄酱一般会放在冰箱门的储物架上,如果储物架的护栏是透明的,没问题;但如果不是透明的,那么肯辛通的方形番茄酱瓶子就被架子挡住了。如马克所说:"看不到瓶子,人们自然不会取出来使用。"

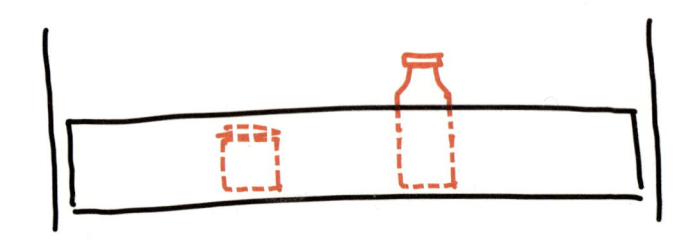

发现了冰箱里的小秘密之后,马克和斯科特信心满满地为番茄酱换上了更高的瓶子包装。上市之后,销售速度马上提高了50%。

这个故事告诉我们,只要你有心,线索有时候就藏在简单的对话中。当投资人漫不经心地提到他还留着原来的瓶子时,其他人可能意识不到这句话代表着什么,但马克和斯科特却由此恍然大悟：他们交流的目的就是寻找线索，而这种目的性帮助他们找到了关键的信息。

如何做到呢？管理学和其他领域都曾对倾听和提问进行过广泛的探讨，并得出了非常翔实的结论。虽然这部分内容不在本书的讨论范围内，但我在下面列出了三条被广泛认可的建议。[1]

· 抱有学习的心态（闭嘴，倾听）。

管理学学者埃德加·沙因在《谦逊的问讯》(Humble Inquiry)这本书中指出，人们开口的主要目的往往是诉说，在进行对话之前你需要提醒自己的是，交流的目的是倾听和学习。

顺便说一句，在以小组形式重构问题时，注意自己说与听的比例。很多人在五分钟的问题讨论时间里，四分钟全在输出，几乎没给他人留出信息输入的时间。如果你依然用这种习惯跟他人交流，可以试着多去聆听别人。

· 打造一个安全空间。

艾米·埃德蒙森针对心理安全的研究表明，如果害怕相互指责，或者认为自己无法自由表达，那么学习性交流的效率就会降

---

[1] 如果你想从更多关于如何成为一个更好的倾听者的建议中受益，可以看看附录中的"提问"。

低。想办法降低这种风险，你可以考虑请第三方加入谈话。

**· 找出不舒适区。**

我们在第七章"照镜子"中讨论过，要获取有帮助的洞察点，你必须接受一些令你感觉不适的事实。正如麻省理工学院教授哈尔·格雷格尔森和同事们所说，很多商界领袖都将自己的成功归因于适应不舒适区的能力。（这也适用于你对谈话对象的选择：你是否只从那些只会给你正向反馈的人那里寻求建议？）

**进行学习实验**

如果你在对话之后还是没能找到有关问题本质的线索，另一种策略可能涉及进行一个小的学习实验。简单地说，学习实验就是刻意以不同的方式去做事情，从而颠覆旧观念，学习新东西。

耶利米·"米亚"·齐恩在广受欢迎的儿童娱乐电视尼克频道工作时就曾尝试过。尼克频道是著名的海绵宝宝的发源地。米亚负责产品开发，团队刚刚推出了一款针对7～12岁儿童的新应用程序。测试显示这款新应用很受孩子们欢迎，也确实有很多儿童下载了应用。但随后问题也出现了，米亚介绍说："使用应用必须先注册，其中一步就是登录家庭有线电视服务。几乎所有儿童用户都被这一步卡住，然后放弃了注册。"

注册肯定是绕不过去了，所以米亚和团队不得不想办法引导孩子们完成这个过程，提高注册率。事不宜迟。没有解决方案，用户每天都在流失。重压之下，他们直接采用了熟悉的可用性测试。

"我们设置了成百上千的 A/B 测试，尝试了不同的注册流程，测试了说明书中不同的表达方式。看看如果我们调换使用步骤，美国中西部的 12 岁孩子是否会有更好的反应。"

团队选择 A/B 测试是有充分理由的。自 20 世纪 80 年代末可用性测试低调问世之后，在唐纳德·A. 诺曼的经典著作《设计心理学》（*The Design Of Everyday Things*）出版之后引发全球关注。可用性测试已经成为科技公司常用的强大工具。一家著名的大型科技公司就曾经测试了 40 多种深浅不一的蓝色，为了找到适合其搜索页面的确切颜色。

但米亚说："问题是，我们的测试都没用。最好的情况也不过是把注册率提高了几个百分点。"

为了打破旧思路，米亚决定尝试一些新的东西：

"一直以来，我们都专注于收集海量数据，关注群体，有百分之多少的人点击了这里，划过了那里之类的，但这些努力并没有带来任何进展。所以我想：与其研究那些远在天边的儿童用户，不如请其中几位和他们的父母一起来办公室，我们可以坐在他们身边，看看他们在登录时会遇到哪些问题。"

这个决定很关键。当米亚的团队与孩子们互动时，很明显这不是可用性的问题：孩子们理解说明书或浏览登录过程都没有问题（如今，大多数 10 岁的小孩都可以在 5 分钟内打开保险箱）。问题出在孩子们的情绪上：孩子们担心输入家庭有线电视密码会给自己惹麻烦。对于一个 10 岁的孩子来说，密码请求就是禁区。

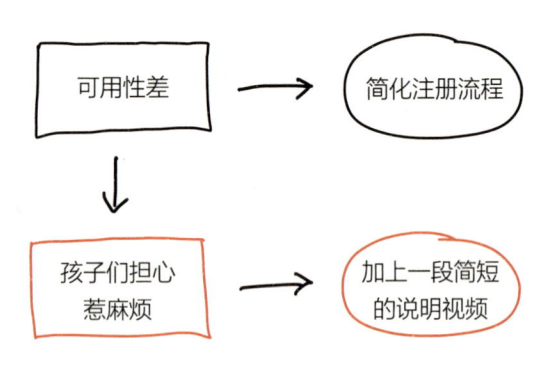

可用性差 → 简化注册流程
↓
孩子们担心惹麻烦 → 加上一段简短的说明视频

米亚的团队马上停止简化注册流程方面的工作，并且制作了一段简短的视频，给孩子们解释向父母索要密码是完全可以的。"别担心，小朋友！问父母密码是不会惹麻烦的！"结果是：应用的注册率立即提高了 10 倍。从那天起，米亚团队的产品开发过程除了 A/B 测试，还加入了用户实际测试。

**测试与学习实验**。米亚的故事说明了测试和实验之间的区别。着手处理问题时,他们没有仅仅固守在分析上,与此同时还针对真实客户测试了数百种不同排列的注册流程。如果有人跟团队说:"同志们,我们需要做一个实验来找出答案。"对方一定会莫名其妙地看着你:"我们就是在做实验呀!"

米亚团队的问题是,测试的问题选错了。只有决心尝试新思路时,团队才找到了突破口。关键不是继续对可用性测试进行小修小补:我们把按钮的颜色再稍微调蓝一些怎么样?米亚所做的是后退一步:有关这个问题,是否有哪些信息被遗漏了呢?有哪些思路是之前没有尝试过的呢?

这就是学习实验的本质:陷入困境时,除了坚持目前的行为模式,你能否想到一些获取新思路的实验呢?

### ◆ 3. 克服竖井思维

很多人都知道竖井思维不好,有关创新和解决问题的研究也证实了这一点。对于复杂问题,多样化的团队表现优于成员相似的团队。特别在重构中,从局外人的角度来看待问题是找到新的架构方式的捷径。

但在实践中，引入局外人的团队却少之又少。很多人可能理论上同意，但在实际操作时又会说：

·局外人又不懂我们的业务，还需要花时间向他们解释，我们没这个时间。

·我是这个领域的前沿专家，让非专家参与有什么意义呢？

·我也试过咨询局外人的意见，但没有成功，他们想出的主意没什么用。

这些反馈传递出一个重要信息：局外人参与的方式有好有坏。如果想要不犯错，可以参考下面马克·格兰杰的故事。

在接管一家欧洲小公司后不久，格兰杰就意识到了问题：

员工不够创新。

为了改善这点，管理团队找到了一个自认为会有帮助的创新培训计划。正当人们讨论如何推进时，马克的私人助理夏洛特打断了：

"我在这里工作了12年，这期间，曾有三个不同的管理团队尝试推出创新计划，全都失败了。在我们看来，这次的尝试，不管是挂着创新培训计划还是什么其他时髦的名字,也不会有什么效果。"

夏洛特是受邀参加的,邀请人正是马克。"我在半年前才接管了公司,夏洛特肯定比我更了解公司,公司里有什么事情,大家都愿意找她帮忙,而不是直接去找管理层。我觉得夏洛特能帮我们跳出固有思维去看问题。"

事情确实如此,团队很快明白,在真正搞清楚问题之前,他们早就已经对解决方案——培训计划着迷了。反思之后,团队不难发现,自己对于问题的初期诊断就是错误的。

马克说:"很多员工并不是不知道创新,问题在于员工的工作参与度很低,也不愿意做超出其职责范围的工作,找不到创新的动力。"最初被管理层认定为是技能层面的问题,现在看来更多的是工作动力的问题。

马克的团队放弃了培训计划,转而推出了一系列旨在促进参与度的变化:例如弹性工作时间,提高透明度,鼓励员工积极参与领导层的决策过程。马克说:"为了让员工更关心公司,公司需要首先关心员工,并展现出对员工的信任。"

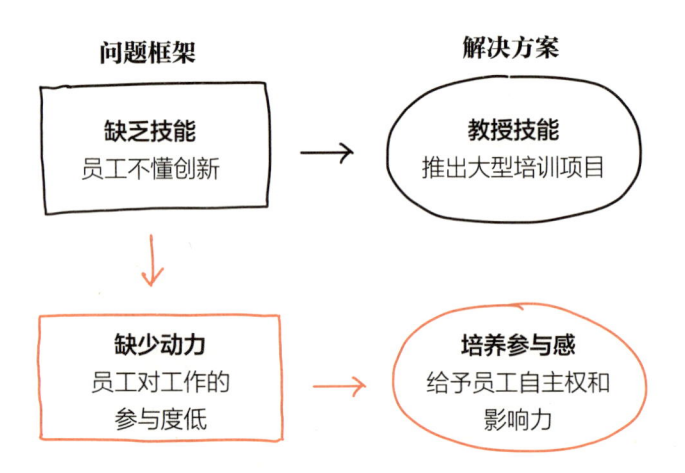

```
问题框架                解决方案

┌──────────┐          ╭──────────╮
│ 缺乏技能  │   →     │ 教授技能  │
│员工不懂创新│          │推出大型培训项目│
└──────────┘          ╰──────────╯
     │
     ↓
┌──────────┐          ╭──────────╮
│ 缺少动力  │   →     │ 培养参与感 │
│员工对工作的│          │给予员工自主权和│
│  参与度低 │          │   影响力  │
└──────────┘          ╰──────────╯
```

之后的 18 个月里，员工的工作满意度翻了一番，公司的一大成本支出员工流失率也大幅下降。员工开始在工作中投入更多精力，也愿意进行更多尝试，公司财务状况显著改善。四年后，该公司获得了全国最佳工作场所奖。

如果马克没有邀请夏洛特参会，不难想象，管理团队应该会推出创新培训计划，然后重蹈前三个管理团队的覆辙。和之前相比，这一次是哪个环节的改变起到了积极作用呢？在某种程度上，这是马克带来的局外人。

### 寻找边界人员

夏洛特对团队的了解非常关键。这一主题下成功案例通常都是一个彻底的外行出场解决了一个棘手的问题：所有的核物理学家都一筹莫展的问题，被路过卖气球的小贩解决了。

类似这样的案例确实值得记录，也的确有相关的科学研究支持。于是很多人听到这个故事后，坚定地认为一定要找与自己截然不同的"极端局外人"才行。但这样的思路在解决日常问题时并不实用，理由如下：

· **很难让局外人了解情况。** 向局外人把基本情况解释清楚需要时间和精力。难道上文提到的卖气球的小贩在需要时就能马上找到吗？所以，除非截止时间在眼前，不到迫不得已，一般人并不愿意费劲引入局外人。

· **需要极高效的沟通。** 要想让这个方法奏效，团队首先需要弥合巨大的文化差距，才能让极端局外人对基本情况有所了解。

但是，夏洛特并不算极端的局外人。她是管理学学者迈克尔·图什曼所说的边界人员：理解基本情况，但又不完全属于组织内人员。图什曼认为，边界人员之所以能够发挥作用，是因为他们同时具备内部和外部视角。夏洛特不属于管理团队，因此能提出完全不同的想法；但与此同时，她也非常了解团队的优先级排序和基本情况，所以才能随时加入讨论。

外部意见是在紧迫性和长期努力之间争取平衡。当面对重大问题时，或在需要新鲜视角的时候，我们需要尽可能引入多元观点参与讨论。但如果条件不允许，可以想想其他办法尽可能获取一些局外人的看法。

### 找意见，而不是解决方案

各位读者可能已经注意到，夏洛特并没有向团队提供解决方案，而是说出了自己的观察，帮助管理层进行重新思考。

这是一种典型模式。从定义上讲，局外人并非该领域的专家，很难直接解决问题，这也不是他们的工作。局外人的作用就是激励当局人换个角度思考，这就是说，在引入局外人时：

- 解释清楚邀请他们的原因。局外人在了解受邀目的之后才能积极挑战固有思维，避免盲点。
- 让当局者做好聆听的准备。他们要做的是寻求外界意见，而非简单的解决方案。
- 明确告知局外人需要挑战团队的思路，但不一定需要给出解决方案。

请局外人参与还有另一个积极作用，能够迫使问题当局者用不那么专业的方式再把问题解释一遍，这样做本身就会促使专家们展开不同的思考。

**本章总结**

# 三大战术挑战

重构过程中常会出现三种复杂局面，以下是应对建议：

1. 选择需要关注的框架

重构有时候会带来多种问题框架，这时你需要缩小范围，只关注以下几类：

· 让你特别惊讶的。之所以会让你讶异，正是因为重构触动了之前的思维模式。

· 特别简单的。优先处理简单的问题框架。对于日常问题来说，好的解决方案没那么复杂。借用奥卡姆剃刀概念：简单的就是对的。

· 重要且可以证实为真的。如果某种架构方式成真之后将会带来深远影响，即使当下你的直觉否定了它，但还是建议进行一定的思考。别忘了之前提到过的家庭津贴计划。

但并不是说你只能关注某一种问题框架,有时候同时考虑两种或者三种也是可以的。

2. 确定问题的未知原因

当你对导致问题的原因一无所知时,一种方法是将其广而告之(这一点在第六章介绍过)。另外两种方法是:

· 利用以发现为导向的对话。肯辛通调味品公司的创始人通过对话交流,注重倾听和学习,最终解开了番茄酱销售之谜。为了获取更多信息,你将会和谁交流呢?

· 开展学习实验。尼克儿童频道的米亚为了处理注册率低的问题,邀请了几位儿童用户到办公室,而并没有依赖 A/B 测试。你是否也能用类似的方式,获取新的洞察呢?

3. 克服竖井思维

在马克·格兰杰的故事中,夏洛特的出现以及她向管理团队提出的不同声音非常关键。要想利用好外部观点,你需要:

· 利用边界人员。引入"极端"局外人很关键,但并不是万能思路。有时候像夏洛特这类"部分"局外人（或"边界人员"）也能提供帮助。

- 找意见，而不是解决方案。局外人受邀加入讨论，是为了给团队提问题，挑战现有思路，而不是直接给出解决方案。在讨论开始时记得提示局外人的存在。

# 第十一章　当人们拒绝重构时

### ◆ 抵抗与否认

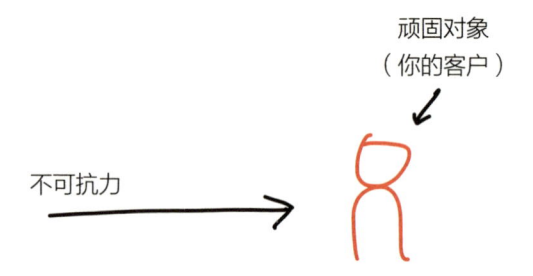

顽固对象
（你的客户）

不可抗力

　　假设我们必须帮助他人解决问题。幸运的话，你与问题当局者之间彼此信任：客户视你为值得信赖的顾问；同事尊重你的经验；朋友知道你把他们的利益放在心上。这些都是挑战人们对问题的理解时的有利条件。

　　但显然，事实并非总是如此。你更有可能遇到的场景是：

·客户或许信任你的专业知识，但怀疑你在其他领域的能力：他是一位很棒的设计师没错，但又对战略了解多少呢？

·客户或许担心利益冲突：她就是在给自己找更多的生意。真是典型的顾问！

·客户对你的角色可能有不同理解：作为供应商，你是来提供解决方案的。

·与同事一起时，身份差异会对整个流程产生影响：这个质疑我权威的初来乍到的人是谁？

·客户可能只是拒绝面对问题：我是一个很好的倾听者，这点你不用怀疑。

所有这些情况都让重构过程难上加难。本章中我将与各位分享如何应对两种最常见的来自客户的阻力的方法：

·抵抗：人们意识不到重构的必要性。

·否认：接受流程，但拒绝接受某些问题诊断。

为简单起见，下面我将用客户指代问题当局者，所有的建议也适用于朋友、老板、商业伙伴和其他人，或者如果是团队共同解决问题，也适用于团队成员。

### ◆ 抵抗过程

当议程控制权掌握在其他人手中时,如何推动重构?你可以试试以下几种方法:

**准备出设计精良且正式的框架**

一般来说,我推荐相当非正式的、有机的方式进行重构。但形式化的框架也有一个很大的优势:让客户意识到重构的合理性。

许多设计机构都这么做。他们的网站上经常会贴出专业设计的流程图,当客户看到结构化的、看起来很专业的框架时,往往更愿意去探索问题。

重构画布也是一种可用工具。如果需要解决的问题比较多,你可以考虑创建自己的框架,并根据通常处理的问题类型自定义(记得拿给客户之前,先让设计师优化一下,这项投资很有必要)。

**提前教育客户**

如果客户对重构将信将疑,出门见他们之前,先把这本书寄过去，或发给对方《哈佛商业评论》的这篇文章：《你正在解决的是正确问题吗？》(或者任何你喜欢的关于重构的书或文章)。即使最后客户并没有阅读，但这个分享的过程也能让他们意识到重构的必要性。

### 与客户分享慢行电梯的故事

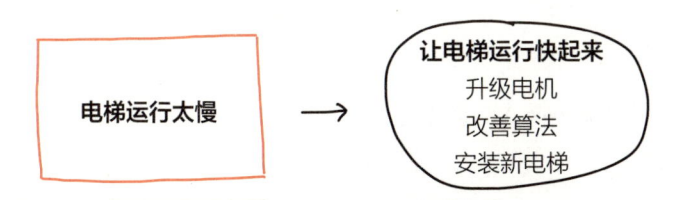

电梯运行太慢 → 让电梯运行快起来
升级电机
改善算法
安装新电梯

如果做不到提前教育客户，你可以把电梯慢的故事讲给客户听，这个小故事很好记，也用不了多少时间。有时候这样的小故事就足以让客户看到重构的价值。

### 分享其他客户的故事

有时候不管你怎么温和地提建议，客户就是讨厌别人告诉自己该做什么。在这种情况下，你可以分享一些其他公司或个人的故事，让客户在别人的经历中找一些灵感。

一个著名的小故事。创新专家克莱顿·克里斯坦森在会见英特尔首席执行官安迪·格罗夫时使用了这种方法。[1] 克里斯坦森知道首席执行官不愿意听到别人告诉自己该怎么做,所以当格罗夫征求他的意见时,克里斯坦森没有给出直接的建议,而是说:"不如我先分享一下在其他行业中的见解……"于是,在几个小故事中,克里斯坦森向格罗夫表达了自己的观点,效果要比直接提出建议好得多。(顺便说一句,当人们否认诊断时,这种方法也可以奏效。)

### 根据对方需求的重点进行架构

**促进焦点** ⟷ **预防焦点**
为了获胜　　　　　为了不输

哥伦比亚大学教授 E. 托里·希金斯在研究中指出,人们对待新想法的态度不同。有些人是促进焦点:面对能够获取的东西,他们会更有动力采取行动;而另外一些人是预防焦点:更关心如何避免失败和损失。

这对于你定位重构需求非常关键。根据你日常和人们打交道的经验,你可以试试以下方法:

---

[1] 克莱顿·克里斯坦森是公认的管理领域的基础性思想家之一。他创造了颠覆性的创新范式,并与他人共同创造了待完成工作方法,这个框架有助于实现帮助客户更好理解,重构他们的需求。

**促进焦点。**"要想赢得市场，我们就不能和竞争对手采用同样打法。还记不记得苹果是怎么一跃成为全球最大手机公司的？不就是通过专注于软件而不是硬件？我们能否也采取类似方式，重新审视一下眼前的问题？"

**预防焦点。**"我担心正在解决的是错误的问题。还记得诺基亚还是专注提升硬件，但其实竞争的重点在软件吗？我们会犯类似的错误吗？"

### 管理过程中的情绪

客户可能会说，没有时间重新设计，但通常其中关键是人的情绪而不是时间。了解心理学家所说的闭合回避（Closure avoidant）在应对这种情况时很有帮助，这种心理有两个极端的行为：

• 闭合回避的人不喜欢提前行动，即使所需的工作并不多。"太匆忙了，行动之前还需要更多的数据。"如果不处理好这种情绪，解决问题的过程很容易会拖得太久。

• 寻求闭合的人不习惯有多个问题同时存在。"为什么我们还在谈论这个？刚刚那个解释听起来还不错。去看电影吧！"他们对模棱两可的恐惧会让自己自动跳入解决问题模式。

不管你与哪种类型的人一起工作，他们的情绪都可能会阻碍进程。要解决这个问题，可以向对方重构快速、迭代的特点，以及它是如何调节思维和行动之间的关系的。一方面，重构的过程能够保证必要的提问环节不会被热衷行动的人打断；另一方面，通过将重构过程限定在可控的时间段，并保证最后都是向前发展的态势，从而把导致项目瘫痪的风险降到最小。

客户可能会经历挫败。我告诉对方：挫折是解决问题不可避免的一部分，我们要直面而不是压抑。现在的挫折，总好过在错误的方向上浪费了半年的时间（寻求闭合型），或者什么都不做（闭合回避型）。

上述策略适合在公开场合中说服客户接纳重构，但如果难以推进，还有更微妙的方式。

### 邀请局外人

在有些情况下，为了让重构落地，控制谁来参会，比控制流程更有效，你能找到能够帮助客户换一种方式看问题的人吗？（另请参阅第十章中关于竖井思维的部分。）

### 提前收集问题陈述

如果是小组团队，建议提前收集各位成员问题的定义。你可以单独给每个团队成员发电子邮件，比如："约翰！下周我们要讨论员工参与度，能不能简单写几句你对这个问题的理解呢？"

问题陈述收集完成之后可以打印出来，方便在会上展示（有必要的话可以采取匿名形式）。这样一来，所有参会者都能直截了当地注意到不同的人对这个问题有不同理解。

### 稍后再试

重构是重复迭代进行的。如果你最终无法说服客户在实际流程开始之前重构，可以在开始之后，你有机会收集更多信息时再找机会尝试。

## ◆ 应对抵抗情绪

在我的重构经验中，我注意到很多人的共性：大家都喜欢那些不需要什么改变的问题框架。如果将之归因为伙伴一成不变的性格、公司风险规避型的文化或者全球经济状况甚至宇宙万物恒定的物理铁律上,行吧,那我们确实束手无策。无能为力也确实是一种舒适状态。

但有时候,更具操作性的框架也非常显而易见,甚至就摆在我们面前(至少在局外人眼里是这样的)。既然外人看起来非常正确的问题诊断,为什么当局人要抗拒呢?原因如下:

· 问题的架构方式需要你不得不面对残酷的事实。很多19世纪的医生不愿承认洗手的重要性,因为一旦承认携带病毒的疾病确实存在,医生们也不得不承认自己确实在无意中曾导致众多病人的死亡。

· 问题的架构方式所导向的解决方案是你不愿接受的。例如,有酗酒问题的人之所以不愿意接受诊断,是因为他们不愿接受治疗。

· 问题的架构方式与其他利益背道而驰。一位政治家可能会有意无意地被错误的问题框架吸引,只顾及符合自己选民的利益,甚至是其背后金主的利益。作家厄普顿·辛克莱(Upton Sinclair)说得好:"如果一个人对某件事的不理解决定了他的薪资水平,反过来让他去理解这件事是很难的。一个人的薪水取决于他不理解某件事时,让他理解它是很困难的!"

有些问题虽然是不能通过重构去解决的,但重构却能帮助你看清它。很多时候，如果客户拒绝你提出问题的诊断，可以参考以下建议。

问问自己：有没有可能我是错的？

← 错误之镜

作为顾问，我们难免假定自己是对的，客户是错的。"客户之所以不接受，单纯就是因为他们迟钝。"这种自信听起来很酷，但研究显示，即使是人们百分之百确定的事也不一定是正确的。

在集中全力说服客户接受我们的判断之前，先花一分钟问问你自己：有没有可能我是错的？有时候客户之所以抵抗，正是因为他们意识到了关键事项，却无法用言语表达。

发起一场活动来克服客户的否认之前，花点时间先问问你自己：在这一点上，我会错吗？有时，客户端的阻力是他们知道的重要事情的标志，即使他们不能用语言表达出来。

### 重构你自己的问题

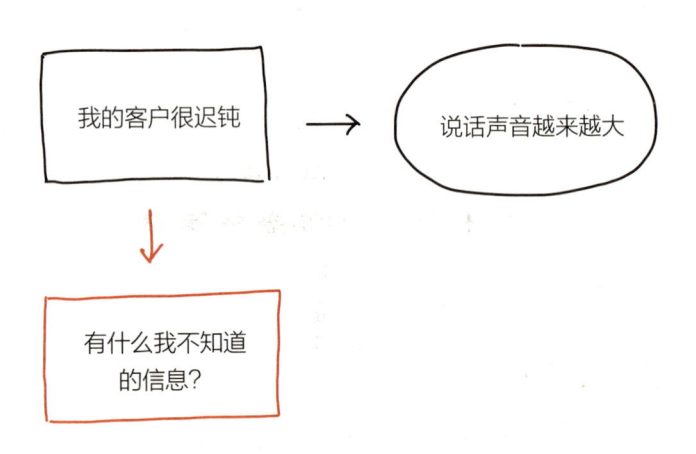

```
[我的客户很迟钝] → (说话声音越来越大)
       ↓
[有什么我不知道的信息？]
```

假设你对自己的判断非常有信心。在进入解决方案模式之前，先确定客户拒绝接受重构确实是对方的问题。客户真的是不讲道理吗？有没有可能是发生了什么事？以下是一些对客户拒绝这一问题的重构：

**跳出框架看问题。**有没有你不知道的信息？还记得第八章当中罗西·雅各布是如何应对客户拒绝自己方案的情况的吗？在这里，客户并非不明事理，而是如果 YouTube 视频播放量不好，她将拿不到奖金。

**重新思考目标。**你真的需要股东的批准吗？或者有没有办法在跳过他们的情况下，实现你（或他们）的目标？在其他情况下，维持和平友好可能比解决迫在眉睫的问题更重要。

**对着镜子自我反思。** 有时候客户是因为你的所作所为才拒绝重构。或许是因为你没有藏好自己居高临下的态度，或许你忽略了客户要求重点关注的关键信息。总之，遇到问题时，先思考一下自己是不是也有一定的责任。

### 让数据说话

与其自己费尽口舌努力说服客户，你有没有试过让数据替你来做这项工作？还记不记得克里斯·达姆是如何利用员工访谈数据说服客户，新软件利用率不高的原因并非软件可用性差，而是激励措施不到位？

顺便说一句，克里斯还与我分享了关于数据的经典逸事：在软盘时代，一个团队制造了一台新计算机，上面配备了一个排气口，看起来和软盘驱动器上的插槽非常类似。顾问对团队说，"用户可能会将排气口误认为插槽"，但工程师们很自信用户不会那么笨。于是，顾问收集了一堆数据：他拍摄了公司 CEO 使用原型机的过程。然后把 CEO 几次差点将软盘塞进排气口的视频播放给工程师们看。

**接受对方的逻辑，然后找到薄弱环节**

有时客户之所以拒绝你的观点，是因为他们早已对另一种问题框架深信不疑。在这种情况下，先接受他们的逻辑，然后找到其中逻辑不一致的地方，再一一击破。

史蒂夫·德·沙泽是倡导短式疗法的治疗师，他曾记录过一个令人难忘的例子。德·沙泽的一位客户是退伍军人，在他职业生涯的早期曾为中央情报局工作。这位客户有两个孩子，婚姻幸福。但最近，他变得越来越偏执，认为中央情报局想要暗杀他。他认为过去六周的两次汽车追尾都不是意外，而是蓄意谋杀；他怀疑家里的电视中安了麦克风窃听，所以把电视都拆了；最让他妻子不安的是，他开始在晚上带着一把上了膛的枪在家巡逻。

德·沙泽知道，如果试图直接跟客户说中央情报局并不是想抓他，这样做可能不会成功。他的妻子在过去一年半里都在这样尝试，但都无济于事。因此，德·沙泽换了一种思路：

"……先是假装接受（客户）的观点，表现出好像中央情报局确实要秘密谋杀他；之后再让他描述一下中央情报局阴谋中有哪些站不住脚的细节。最显而易见的细节问题是：两次企图杀害他的行动都惨遭失败，中央情报局甚至都没有接近过他。怎么可能呢？如果中央情报局真的要计划杀人，直接动手就完了，怎么还会派出这么没用的杀手？"

德·沙泽并没有把"失败的暗杀"当作棍棒敲打对方：当然是你错了！相反，他只是简单地指出问题所在："他们还没有杀了你，这不是很奇怪吗？你是中央情报局的，如果中央情报局要一个人死，那个人马上就得死，不是吗？"他让客户在下次治疗前认真考虑，之后转向了另一个话题。在其他干预措施的帮助下，客户的妄想症最终得到治愈。

德·沙泽认为，重点在于引入对当前框架的怀疑，而不是直接否定，然后让客户慢慢地得出自然结论。

**准备两个方案**

有时候客户坚持要你拿出他们要求的解决方案。你可以在给出客户要求的解决方案之余，再拿出一个你认为最好的方案。当然这样做也有风险，前提是第二个解决方案不需要太多时间和精力才可行。

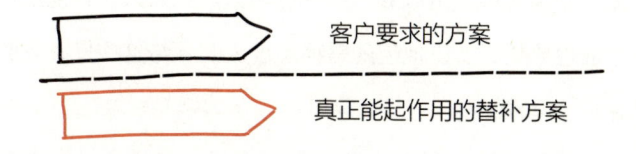

客户要求的方案

真正能起作用的替补方案

除去成本问题，在操作过程中也要多加小心。别忘了，客户确实比你更了解自己的问题,即使有时候他们并不能很好地解释清楚。

## 让他们失败一次

如果客户执意不听,可以放手让他们失败一次。经历一次简短而深刻的教训,能够为你们双方未来的合作奠定基础。下面案例的主人公安东尼是一家成功的流媒体服务的联合创始人。

为了拓展海外市场,安东尼和联合创始人贾斯汀曾向投资人融资,在他们的预计里,投资者不会过多干预运营,但实际上在准备向新市场推广服务时,投资人积极地参与到决策和产品研发过程中。安东尼说:

"从经验中看,在向其他国家市场推广时,不能照搬原样,首先必须适应当地情况和消费偏好,这就需要一定的预算来聘请当地的专家帮忙,还需要足够的时间进行测试和质量保证。"

但投资者不听这一套,他们认为这是浪费时间的无意义拖延,极力要求立即推出服务。这些有能力的投资人在其他项目中都曾经取得成功,所以他们的整体态度就是:给这些慢吞吞的企业开开眼。

虽然明知道这样做会失败,但安东尼也知道和投资人较劲的结果是双方关系的破裂。更重要的是,如果按照安东尼说的去做，就无法证明投资人错了。因此他故意让对方试一试。

"登陆新市场算不上生死攸关，如果第一次失败了，稍后再试一次。所以我干脆让投资人由着性子来。果然失败了。他们是聪明人，但在这件事上确实过于自信，失败能让他们看清楚这一点。"

在那之后，在申请新市场扩张所需的正常预算时，投资人很快就通过了。更重要的是，安东尼和贾斯汀来之不易的经验也获得了投资人更多的尊重，双方融合得更好了，他们也成为一支更强大的队伍。

当然，这种策略显然有局限性：如果第一次失败代价很高，或将会造成伤害，我们就不能将之作为学习经历。但在一些代价不太高的失败面前，让对方摔一跤还是有必要的，可以看成提升合作关系的投资。在找到门在哪儿之前，有些人就得撞一两次墙。

**赢得下一场战斗**

几年前，三星成立了欧洲创新部门，支持颠覆性想法的发展，然后将创新方案推荐给三星韩国总部的决策者。部门负责人卢克·曼斯菲尔德跟我说：

"韩国总部不愿意冒险尝试颠覆性想法。因此，我们与其更努力地在这个方向上推进，不如先提供一些更安全，虽然影响范围小，但能推动他们职业发展的想法。最终等对方足够信任我们之后，我们再向他们推荐更冒险的想法，顺利完成自己的任务。"

　　作为专业人士，我们当然希望自己每次都是对的。但有时，正确的选择是接受失败，然后着眼长远，与客户建立信任，直到你的意见能够给对方带来更大的影响。

**本章总结**

当人们拒绝重构时

如果人们不接受重构，你可以尝试以下一种或多种方法：

· 提供正式的框架。

· 提前教育客户：比如发送一些阅读材料。

· 在会议中分享慢行电梯的故事。

· 分享其他客户的故事。

· 根据客户需求的重点来决定：他们是倾向于赢还是不输？

· 管理客户情绪（明确对方是寻求闭合型还是闭合逃避型）。

· 邀请局外人参与。

· 提前收集问题陈述。

· 稍后再试——如果所有这些都不起作用，你可以推迟重构流程，或者低调处理。

## 应对抵抗情绪

如果人们拒绝承认某些问题，你可以尝试：

・问问自己：会不会是我错了？客户可能并不否认某种判断，而是有些重要信息你没有考虑在内。

・重构问题。是不是还有其他事情？

・让数据说话。通过收集证据帮助客户理解。

・接受对方的逻辑，然后找到薄弱环节。还记得德·沙泽的故事吗：为什么中央情报局要派这么没用的杀手？

・准备两个解决方案。既能满足客户要求，又符合你自己的心理预期。

・如果代价不太大，就让他们失败一次吧。

・赢得下一场战斗：重点维持双方的友好关系。

# 结 语

在本书的最后，我向你们介绍一位来自 19 世纪末的特殊人物：托马斯·C. 张伯林（Thomas C.Chamberlin）。

张伯林作为一名地质学家，也是最早警告世人不要沉迷于自己理论的现代思想家之一。正如他 1890 年在《科学》杂志上发表的一篇文章中所写的那样，当时的学术期刊还能带来让人深思的语言：

"如果事实与理论相符，我们的大脑就会快乐地投入理论的怀抱。反之，如果两者相左，大脑便会展现出自然的冷漠。我们会本能地搜索支持理论的事实，因为这是大脑的乐趣所在。"

今天我们将之称为"确认偏差"（confirmation bias），行为经济学已经充分证实了确认偏差对正确判断的腐蚀作用。一旦你爱上了自己的理论（张伯林把它比作父母的爱），很可能你会对它的缺陷视而不见。

### ◆ 从理论到工作假说

19世纪末，科学界已经认识到确认偏差的危害。张伯林的许多同事主张用新的概念"工作假说"（working hypothesis）来解决这个问题。

与理论相比，工作假说被认为是一种暂时性解释，主要是为下一步的研究提供指导框架，帮助人们找出检验自己想法的方式。在测试之前，人们看待这一假设的态度都非常谨慎。今天，我们会说："不要太在意自己的看法。"

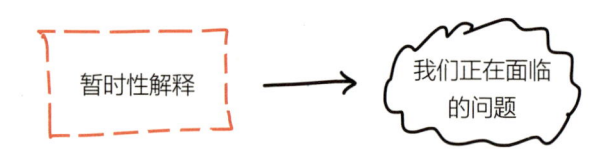

暂时性解释 → 我们正在面临的问题

这个建议看似合理，但张伯林并不接受工作假说。根据经验，他认为如果人只考虑一种解释，哪怕只是暂时性的，那么在理智上还是很容易爱上它，就像父母很难不去爱自己的孩子。那么我们应该怎么做呢?

张伯林提出的解决方案是创建多个工作假说。也就是说,同时探索几种可能发生的事情的不同解释,这样就等于给自己接种了预防单一视角的疫苗。听起来是不是很熟悉:创建多个工作假设,就好像在遇到一个问题时,要去寻找多个问题框架。

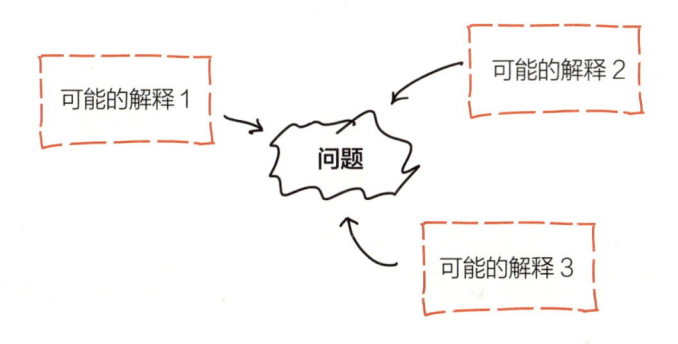

```
可能的解释 1 → 问题 ← 可能的解释 2
              ↑
         可能的解释 3
```

张伯林提出了避免确认偏差的方法,我将之进行简单总结,你可以直接用于问题的重构。

- 不要只做一种解释。
- 同时探索多种解释,直到充分实证之后,得出最佳选择。
- 最佳匹配可能是多种不同解释的结合。
- 如果出现更好的可能,随时做好适应的准备。

张柏林的观察结论也适用于解决当今的问题。

・遇到问题时，我们会立即寻找解释：发生了什么？是什么造成了混乱？

・通常情况下，大脑会给出一个似乎合理的答案：30%的收容所的狗是由家人抛弃的？显然，原主人都是坏人。

・之后不会再有其他猜测，都被解决方案取代。我们会想：这样的人真的不该领养宠物，怎样才能将领养程序严格化，筛选出不好的主人呢？

从痛点到问题再到糟糕的解决方案，这个过程给我们带来了很多的痛苦和资源浪费。正如张伯林所建议的，解决办法不是更细致地分析我们最爱的理论，也不是假装能够以更客观的角度看待，而是在一开始就提出其他观点，避免仅仅沉迷于某一个糟糕的想法，并且牢记，几乎所有问题都有不止一个解决方案。

我希望这本书能成为一个好的工具。在阅读结束之际，我想就下一步该做什么分享两条建议。

第一，**我建议尽可能多地练习这种方法**。张伯林指出，足够的练习之后，这会成为你思维的自动习惯方式。他写道："大脑似乎从不同的角度拥有了同时视觉的力量，而不是简单地以线性顺序连续思考。"

要具备这种思维能力，就要利用它来处理大小问题，包括工作问题、家庭问题，以及你关心的社会或全球问题。重构练习越多，就越能在真正需要的时候用上它。

第二，我也建议你在生活中与周围的人分享。有了他人的支持，问题也就不再那么棘手，特别是当身边的人也懂得重构，一切就会更顺利。以下是我的几点想法：

· 请与你的团队分享，这样在应对共同问题时，大家都可以理解重构的重要性（还可以提供帮助）。

· 在工作之外，请与你的伴侣或好朋友，或任何在你遇到困难时需要寻求建议、提供帮助的人分享。

· 与你的老板、人力资源团队以及任何能够广泛推广重构理念的人分享。

· 如果你认为这本书有分享价值，欢迎在网上或以其他方式进行分享。

至此，亲爱的读者，我们已经到了"电梯之旅"的终点。从张伯林时代起，人们就认识到了重构的力量，但现在还有太多人没有掌握这种方法，或许我们可以改变这一点。

那就一起开始吧。

托马斯·韦德尔－韦德尔斯堡

纽约市

# 推荐阅读

## ◆ 关于重构的阅读

以下为个人书单仅供参考,非必读书单。我一般会优先考虑实用书籍,如果你更偏好理论,可以访问本书网站。

如果只读一本书,我推荐奇普和丹·希思的《决断力》(纽约:皇冠出版社,2013年)。这本书涵盖了更广泛的问题解决方法和决策,是对本书的极好补充。和他们之前出版的书《行为设计学》(*Made to Stick*)、《瞬变》一样,《决断力》是基于研究、娱乐性强并且高度务实的一本书。

### 一般商业领域的重构

我推荐珍妮弗·里尔和罗杰·L.马丁的《整合决策》(*Creating Great Choices: A Leader's Guide to Integrative Thinking*,波士顿:

哈佛商业评论出版社，2017 年）。在罗杰·L. 马丁的著作基础上，作者们就如何使用心理模型和创造新的选择提供了一些有用的建议。

**医学领域的重构**

丽莎·桑德斯的《每个病人都会讲一个故事》（纽约：百老汇图书，2009 年）为普通人了解医学诊断领域提供了一个迷人的窗口。

**政治领域的重构**

乔纳森·海特的《正义之心：为什么好人被政治和宗教所分裂》（*The Righteous Mind: Why Good People Are Divided by Politics and Religion*，纽约：万神殿出版社，2012 年）对保守派和进步派选民如何以不同的方式看待问题提供了丰富的视角。

**设计领域的重构**

基斯·多斯特的《框架创新：通过设计创造新思维》（*Frame Innovation: Create New Thinking by Design*，马萨诸塞州剑桥市：麻省理工学院，2015 年）深入研究了重构在设计实践中的核心作用。这本书的理论讨论尤其激烈。

**谈判领域的重构**

经典的《谈判力》（波士顿：霍顿·米夫林·哈考特，1981 年）。罗杰·费希尔、威廉·尤里和布鲁斯·佩顿写的这本书仍然是你应该读的有关本主题的第一本书。第二本是道格拉斯·斯通、布鲁斯·佩顿和希拉·希恩的《高难度谈话》（纽约：企鹅出版社，1999年）。这本书提供了许多例子来说明如何从新的角度看待他人的动机来解决问题。第三本书是由前人质谈判代表克里斯·沃斯撰写的《掌控谈话》(*Never Split the Difference: Negotiating as if Your Life Depended on It*，纽约：哈珀－柯林斯出版社，2016年）。

**谈判领域的重构**

为了让学生更好地进行提问，建议教师阅读罗斯坦和鲁斯·桑塔纳的《老师怎么教，学生才会提问》(*Make Just One Change: Teach Students to Ask Their Own Questions*，剑桥，MA：哈佛教育出版社，2011年）。这本书基于作者在正确问题研究所的工作，提供了如何在课堂上运用他们的问题表述技巧的详细指南。

**工程和运营领域的重构**

最好的指南是教科书《创造性问题求解的策略（第三版）》(*Strategies for Creative Problem Solving*，上萨德尔里弗：皮尔森教育，2014年），由 H. 斯科特·福格勒、史蒂文·E. 勒布朗和本杰明·里佐著作。这本书还提供了最常见的问题解决框架概述。

**数学和计算领域的重构**

在数学问题中，首选资源是兹比格涅夫·米哈列维奇和大卫·B. 福格尔的《如何求解需求问题（第二版）》(*How to Solve It: Modern Heuristics*，柏林：施普林格，2000年），它深入研究统计方法、计算算法等，给很多读者带来了切实的帮助。

**初创企业和问题验证领域的重构**

斯坦福大学教授史蒂夫·布兰克在客户发展方面的工作包含了许多诊断和验证客户问题的有用建议。有关详细指导，请阅读布兰克和鲍勃·多夫的《创业者手册》（*The Startup Owner's Manual: The Step-by-Step Guide for Building a Great Company*，加利福尼亚州佩斯卡德罗：K&S牧场出版公司，2012年）。要快速了解一下情况，请阅读布兰克的文章《为什么精益初创公司改变了一切》（*Why the Lean Start-Up Changes Everything*，《哈佛商业评论》，2013年5月）。

埃里克·莱斯的《精益创业》（*The Lean Startup: How Today's Entrepreneurs Use Continuous Innovation to Create Radically Successful Businesses*，纽约：皇冠出版社，2011年）也很有帮助。

**培训领域的重构**

这一领域我强烈推荐迈克尔·邦吉·斯坦尼尔的《关键7问》（*The Coaching Habit: Say Less, Ask More, and Change Way You Lead Forever*，多伦多：蜡笔盒出版社，2016年）。这是一本简短的动手指南，帮助客户（或你自己）重新思考问题。

**奖励机制重构**

史蒂夫·克尔的这本简短且包含亲身实践的《奖励系统：你

的标准管用吗？》(Reward Systems: Does Yours Measure Up?, 波士顿：哈佛学校出版社，2009 年) 并没有直接涉及重构问题，而是对如何确保奖励机制正确提供了一系列有用建议。

**客户需求研究重构**

待完成之事（JTBD）框架是帮助我们充分了解和重新思考客户需求和痛点的工具。克莱顿·克里斯坦森、泰迪·霍尔、凯伦·迪伦和戴维·S.邓肯合著的《与运气竞争：关于创新与用户选择》(Competing Against Luck: The Story of Innovation and Customer Choice, 纽约：哈珀-柯林斯出版社，2016 年) 对这一框架进行了详解并列述了具体使用方法。对于从业者，我还推荐斯蒂芬·温克尔、杰茜卡·沃特曼和戴维·法伯的《创新者路径》(Jobs to Be Done: A Roadmap for Customer-Centered Innovation, 纽约：爱默康，2016 年)。

另一本注重组织重构的书是《引爆市场力》(Discovery-Driven Growth: A Breakthrough Process to Reduce Risk and Seize Opportunity, 波士顿：哈佛商业评论出版社，2009 年)，丽塔·麦克格兰斯和伊安·C.麦克米兰著。

在产品开发领域，能帮助我们的另一篇有用文章，请阅读凯文·科因、帕特里夏·克里斯特夫和瑞妮·德尔的《常规环境下的突破性思维》(Breakthrough Thinking from Inside the Box,《哈佛商业评论》，2007 年 12 月)。

要更深入地研究意义创造和其他人种学方法，可以阅读克里斯琴·马兹比尔格和米凯尔·拉斯马森的《意会时刻》(The Moment of Clarity: Using the Human Sciences to Solve Your Toughest Business Problems，波士顿：哈佛商业评论出版社，2014 年)。两位作者倡导完全沉浸于消费者的世界，通过乐高等案例给出了非常有说服力的研究结果。如需要快速了解，请阅读他们的文章《人类学家走进酒吧之后……》(An Anthropologist Walks into a Bar...,《哈佛商业评论》，2014 年 3 月)。

## ◆ 其他主题

### 提问

提出好问题的能力和重构能力也密切相关。一些优秀参考资料包括：

赫尔·葛瑞格森的著作《问题即答案》(Questions Are the Answer: A Breakthrough Approach to Your Most Vexing Problems at Work and in Life，纽约：哈珀-柯林斯出版社，2018 年)和他的文章《击破首席执行官泡沫》(Bursting the CEO Bubble,《哈佛商业评论》，2017 年 3—4 月)。

沃伦·伯杰的新书《绝佳提问》(A More Beautiful Question: The Power of Inquiry to Spark Breakthrough Ideas，纽约：美国布鲁

姆斯伯里出版社，2014年），更适合普通读者阅读。

埃德加·H.沙因的《谦逊的探询》(*Humble Inquiry: The Gentle Art of Asking Instead of Telling*，旧金山：贝拉·科勒出版公司，2013年)是适合经理人阅读的书。

**适合顾问解决问题的读物**

如果想要更深入地了解管理咨询师的问题分析法，推荐阅读《所有问题，七步解决》(*Bulletproof Problem Solving: The One Skill That Changes Everything*，新泽西州霍博：肯约翰威立父子出版社，2018年)，查尔斯·康恩和罗伯特·麦克林著。

另一个强大的读物是《积极偏差的力量》(*The Power of Positive Deviance: How Unlikely Innovators Solve the World's Toughest Problems*，波士顿：哈佛商业出版社，2010年)，作者是理查德·帕斯卡尔、杰瑞·斯特宁和莫妮克·斯特宁。书中介绍了如何在团队或社区内给出解决方案的核心经验——通过让其他人框定问题并自己发现解决方案，由顾问担任协调方。

**问题表述**

在重新定义问题之前，首先需要确定问题的框架，也就是说，创建一个问题陈述。获取问题框架的详细建议，请阅读以下两篇文章：

德韦恩·斯普拉德林在《哈佛商业评论》2012年9月刊发表的《你解决的问题对吗？》(*Are You Solving the Right Problem?*)，

这篇文章介绍了如何创建问题陈述的有用指南，让局外人也能提供意见或解决方案。

尼尔森·P. 雷彭宁、唐·基弗和托德·阿斯特的《管理中最被低估的技能》(*The Most Underrated Skill in Management*,《麻省理工学院斯隆管理评论》, 2017 年春季)，介绍了关于如何明确目标的有用建议。

**影响策略**

如果你遇到的主要问题是如何影响他人，比如你需要团队成员接受你的观点，请阅读菲尔·M. 琼斯的《到底该怎么说：影响和影响的神奇词汇》(*Exactly What to Say: The Magic Words for Influence and Impact*, 魔术盒出版社, 2017 年)，里面就使用哪些短语给出了很多战术性建议。

另一本经典读物是罗伯特·西奥迪尼的《影响力（修订版）》(*Influence: The Psychology of Persuasion*, 哈珀商业出版社, 2006 年)。

**了解自己和他人**

要想获得针对从业者的简短指南，请阅读海蒂·格兰特·霍尔沃森的《给人好印象的秘诀》(*No One Understands You and What to Do About It*, 波士顿：哈佛商业评论出版社, 2015 年)。欲深入了解，请阅读塔莎·欧里希的《深度洞察力》(纽约：货币出版社, 2017 年)。

### 观察的艺术

就像夏洛克·福尔摩斯的故事一样，能否解决问题有时取决于我们是不是注意到了别人忽略的东西。想提升自己的观察技能，我推荐艾美·E. 赫曼的《洞察》(*Visual Intelligence: Sharpen Your Perception, Change Your Life*，纽约：霍顿·米夫林·哈考特，2016 年)。通过对经典艺术品的研究，赫尔曼向联邦调查局特工和警察传授了观察的艺术，她的书中包括彩色插图，读者可以用这些插图来提高自己看到其他人遗漏信息的能力。

### 多样性

我最喜欢的多样性方面的书是斯科特·佩奇的《多样性红利》(*The Diversity Bonus: How Great Teams Pay Off in the Knowledge Economy*，新泽西州普林斯顿：普林斯顿大学出版社，2017 年)，这本书既分享了多样性优势的例证，也分享了一些优化利用多样性的有用框架。

### 心理模型与隐喻理论

心理模型和隐喻对人们思维有着重要影响。对认知和语言学感兴趣的人，我推荐道格拉斯·侯世达和伊曼纽尔·桑德尔的《表象与本质》(*Surfaces and Essences: Analogy as the Fuel and Fire of Thinking*，纽约时报：基础读物，2013 年)，以及乔治·莱考夫和马克·约翰逊的经典著作《我们赖以生存的隐喻》(*Metaphors We Live By*，芝加哥：芝加哥大学出版社，1980 年)。

# 附 录

◆ **重构画布**

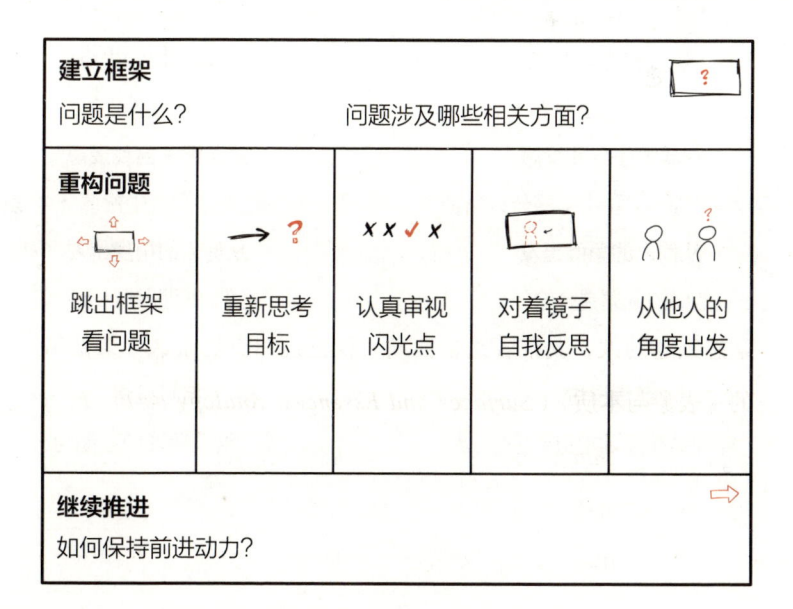

| 建立框架 | | | | | |
|---|---|---|---|---|---|
| 问题是什么？ | | 问题涉及哪些相关方面？ | | | |
| **重构问题** | | | | | |
| 跳出框架看问题 | 重新思考目标 | 认真审视闪光点 | 对着镜子自我反思 | 从他人的角度出发 | |
| **继续推进** | | | | | |
| 如何保持前进动力？ | | | | | |

◆ 核对表

**重构清单**

**建立框架**
问题是什么？都需要谁来参与？
↓
**跳出框架看问题**
漏掉了什么信息？
**重新思考目标**
是不是还有更值得去实现的目标？
**认真审视闪光点**
问题在哪里呢？
**对着镜子自我反思**
我/我们在这个问题中扮演什么角色？
**从他人的角度出发**
他们的问题是什么？
↓
**继续推进**
如何继续保证前进动力？

**重构清单**

**建立框架**
问题是什么？都需要谁来参与？
↓
**跳出框架看问题**
漏掉了什么信息？
**重新思考目标**
是不是还有更值得去实现的目标？
**认真审视闪光点**
问题在哪里呢？
**对着镜子自我反思**
我/我们在这个问题中扮演什么角色？
**从他人的角度出发**
他们的问题是什么？
↓
**继续推进**
如何继续保证前进动力？

## 致　谢

如果没有帕迪·米勒，这本书就不会问世。帕迪首先是我的老师，之后是我的同事、合作者、导师和朋友。在我完成这本书时，帕迪因心脏衰竭去世，享年71岁。他热情、幽默、才华横溢、富有创造力和爱心，是一个各方面都很优秀的人。萨拉、乔治、塞布、我，以及其他许多受到帕迪影响并变得更好的人，都非常怀念他。这本书献给他。

还有许多人在本书的写作过程中给予了很多帮助。哈佛大学谈判项目的道格拉斯·斯通和希拉·希恩，从标题到思维方式等各个方面提供了精辟的、颠覆性的指导（我要特别感谢希拉提供了这本书标题的灵感）。哈佛商业评论出版社的梅琳达·梅里诺很早就看到了重构的潜力，她和哈佛商业评论出版社的编辑大卫·查普恩和萨拉·格林·卡迈克尔帮助塑造了作品的最初形态。

我出色的图书编辑斯科特·贝里纳托耐心地指导我完成了出版过程，帮助我把书做得更好，并且温柔地拒绝了我的一些疯狂想法：比如我想增加40页的研究附录，使用三维图像和柠檬汁显像的写作方式。詹妮弗·沃林让整个非常复杂的生产过程专业地、奇迹般地走在正轨上，不放过任何细节。

埃维塔斯创意管理公司的埃斯蒙德·哈姆斯沃斯是最好的作家经纪人。Prehype的亨里克·维尔德林是我在重构和其他方面的关键思考伙伴。他也出版了自己的书《橡子方法》，这本书非常值得一读，但很遗憾销量还没超过我的书。

我还要感谢这些自愿为手稿提供详细反馈的敬业人士：弗里茨·古格尔曼、克里斯蒂安·巴茨、安娜·埃贝森、玛丽亚·西尔克、梅特·沃尔特、维尔德林、西蒙·舒尔茨、菲利普·彼得森、梅格·乔雷、罗杰·哈洛威尔、达娜·格里芬、奥西斯·R.阿萨德、丽贝卡·L.迈尔斯、卡斯珀·威勒、康塞塔·莫拉比托、达蒙·霍洛维茨、海蒂·格朗特和艾米丽·H.霍尔。特别感谢创新洞察管理公司（Innosight）的斯科特·安东尼，他的专家级的反馈也帮我强化了第一本书的想法。

感谢手绘团队让我的想法成真。感谢《哈佛商业评论》及各个团队：斯蒂芬尼·芬克斯、乔恩·佐贝尼卡、艾莉森·彼得、艾莉辛·扎尔、朱莉·德沃尔、埃里卡·海尔曼、萨利·阿什沃思、乔恩·希普利、亚历山德拉·基法特、布莱恩·加尔文、费利西亚·西萨斯、艾拉·莫里什、阿基拉·巴拉、苏布拉·马迪安、林德赛·迪特里希、埃德·多米娜和拉尔夫·福勒。

我的重构方法也受益于其他四个机构：我要感谢杜克大学企业教育学院的各位合作者：朱莉·冈田、香农·诺特、皮特·格伦德、埃德·巴罗斯、南希·基山、道恩·肖、尼基·巴斯、艾琳·布兰德·贝克、玛丽·凯·利、希瑟·利、艾美·梅尔维尔、梅丽莎·皮岑、塔里·佩顿、简·萨默斯-凯利、简·博斯威克-卡弗雷、蒂芙尼·伯内特、里谢尔·霍布斯·利德、霍莉·阿纳斯塔西奥、凯伦·罗亚尔、乔伊·莫内·桑德斯、克里斯蒂娜·罗伯斯、金·泰勒-汤普森和迈克尔·查韦斯。感谢西班牙IESE商学院的特里西亚·库利斯、迈克·罗森博格、基普·迈耶、约翰·阿尔曼多兹、斯特凡尼亚·兰达佐、吉尔·利蒙吉、伊丽莎白·博阿达、约瑟普·瓦洛、埃里克·韦伯、朱莉·库克、朱塞佩·奥里奇奥、米丽亚·里亚斯、安妮娅·伊斯卡瓦、亚历德罗·拉戈、塞巴斯蒂安·布里昂、罗斯·M.C.桑约尔、努里亚·塔拉特斯、诺丽娅·R.加林多、杰玛·科洛巴德斯、玛丽亚·加巴隆和克里斯汀·埃克。感谢Barkbox的史塔西·格里森、苏珊娜·舒马赫和米克尔·H.詹森。感谢Prehype的史黛西·塞尔策、萨曼·拉曼尼安、丹·特兰、阿米特·卢布林、斯图尔特·威尔森、撒迦利亚·雷塔诺、理查德·威尔丁和尼古拉斯·索恩。

还要感谢更多在这趟重构旅程中帮助过我的人：汤姆·卡利、

理查德·斯特劳布、伊尔莎·斯特劳布、琳达·科恩、乔丹·科恩、克里斯蒂安·马兹布杰、米克尔·B.拉斯穆森、朱利安·伯金肖、多莉·克拉克、鲍勃·萨顿、奥瑞·布莱福曼、克里斯托弗·洛伦岑、玛丽亚·菲奥里尼、塞西莉·穆斯、威勒、安德斯·奥尔詹·詹森、玛丽·卡斯特鲁普、朱莉·保利-布兹、克里斯蒂安·厄斯特德、爱德华·埃尔森、马丁·罗尔、布拉特纳德·康罗伊、妮可·阿比·埃斯伯、克里斯蒂安·维佳、塔尼娅·露娜、阿什利·阿尔伯特（和埃利奥特）、伊-吕贝克·杜、克劳斯·莫斯贝克、乔伊·卡罗琳·摩根、苏菲·朱利安-菲莱尼、朱莉娅·琼·博斯曼、莉迪亚·劳伦森、莱斯·劳里森、皮拉尔·马尔克斯、卡洛斯·阿尔本、劳伦特·范·勒伯格、埃斯特班·普拉塔、阿尔贝托·科尔齐、瑞安·奎格利、布伦丹·麦卡坦尼、比特丽斯·洛佩斯、杰克·科因、克里斯·达姆、乌尔里克·特罗尔、彼得·希林、苏珊娜·贾斯特森、朱莉·韦德尔·韦德尔斯堡、莫滕·迈斯纳、克里斯蒂安·哈特·汉森、西尔维娅·贝莱扎、伊丽莎白·韦伯、阿斯特丽德·桑多瓦尔、保罗·耶利米、阿里·盖尔斯、乔伊·霍洛韦、琳达·拉德、菲尔·拉德、斯蒂芬·科斯林、罗宾·S.罗森博格、凯莉·格林、凯文·恩霍姆、梅根·斯比思、由佩尔·冯泽洛维茨、大卫·达布金、朱迪·杜尔金、特蕾西·德莱登、詹尼弗·斯奎利亚、海蒂·奎格利亚、凯瑟琳·海默、琳恩·凯雷、大卫·布鲁诺、凯伦·斯特拉廷、汤姆·休斯、杰瑞德·布里克、布鲁斯·麦克布拉尼、罗兹·萨维奇、利拉克·纳苏姆、林妮·丽塔、加尔德、延斯·希林森、马丁·诺加德、克努森、卢克·曼斯菲尔德、杰罗姆·伍特斯、兰·梅卡泽、埃里希·布兰查德、恩斯特、奥利维亚·海尼、肯尼斯·米克尔森、布莱恩·帕尔默、米歇尔·布里伯格、约瑟芬·霍姆伯格、凯特·迪、艾米·布鲁克斯、尼古拉·布伦、贾斯汀·芬克尔斯坦、詹妮弗·法肯伯格、托马斯·吉列、芭芭拉·谢尔·阿格斯纳、尼古拉斯·博阿尔、汉娜·梅雷特·拉森、詹斯·克里斯蒂安·约根森、阿克塞尔·罗森瑟、莎拉－贝－安徒生、科林·诺伍德、琼·科尔、凯伦·席克、斯维特拉娜·比伦、布拉登·凯利、查克·阿普尔比、托马斯·詹森、谢里·古斯塔夫森、希瑟·韦斯哈特、迈克尔·哈索恩、乔纳森·威尔斯、保罗·威尔斯、埃里克·威廉、克里斯蒂·卡尼达、拉曼·弗雷、奥利维亚·尼古拉、梅伊·奥莉斯、基尔加德、麦琪·多宾斯、菲尔·马萨扎、道恩·德尔里奥、帕特里夏·佩尔曼、尼尔斯·罗布斯克·彼得森、克劳斯·莱布斯克、莉斯贝斯特·博尔克、金·维珍、尼尔斯·贾伦·恩格尔和比尔吉特·勒格达尔。感谢鲁科拉的团队的支持：艾米·理查森、乔恩·卡尔霍恩、布莱恩·斯洛斯、艾丽·哈金斯、杰里米·戈尔博尔德、费尔南多·桑切斯、贾雷特·吉布森、布莱恩·贝内特、格雷格·劳罗和雪佛恩·诺顿。感谢摄影师格里格斯·希林。当然，米凯尔·奥卢夫森仍然是世界上最好的教父。

最后,虽然人们说不能选择自己的家人,但如果可以,我还是会选择现在的家人,他们真的很棒:我的父母吉特和亨里克、我的兄弟格雷格斯、我的嫂子梅雷特还有所有的家人。我的侄子和侄女,克拉拉、卡尔·约翰和阿伦德,我爱你们,期待你们的成长,拥有你们我感到很幸运。